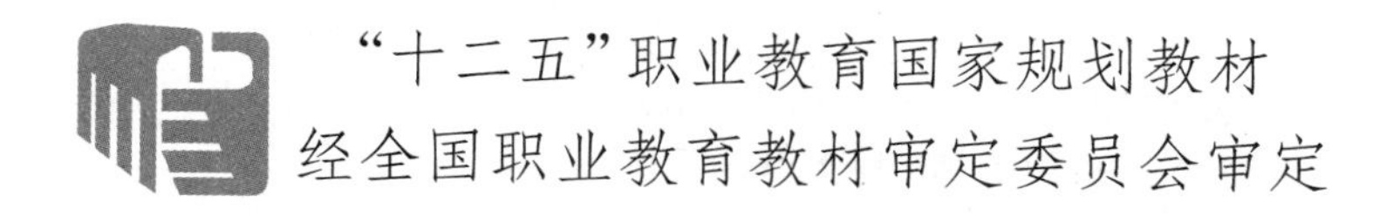

“十二五”职业教育国家规划教材
经全国职业教育教材审定委员会审定

低压电器技术与应用

DIYA DIANQI JISHU YU YINGYONG

第2版

主　编　施俊杰

高等教育出版社·北京

内容简介

本书是“十二五”职业教育国家规划教材，根据教育部颁布的中等职业学校电气运行与控制专业和电气技术应用专业教学标准，结合目前中等职业学校的教学现状与相关技术的更新发展编写而成。

本书主要内容包括低压电器基础知识、熔断器、主令电器、低压开关、交流接触器、继电器、变频器。

本书以低压电器的识别、选型、拆解、检测、维护等项目流程为载体，强化低压电器的知识与技能，从而熟练掌握常用低压电器原理与控制技术以及常用低压电器在实际电路中的应用，进而养成电工安全作业素养。

本书可作为中等职业学校电气技术应用专业教材，也可作为相关行业部门技术工人岗位培训教材及自学用书。

图书在版编目（CIP）数据

低压电器技术与应用 / 施俊杰主编. -- 2版. -- 北京：高等教育出版社，2021.3

电气运行与控制专业　电气技术应用专业

ISBN 978-7-04-055529-5

Ⅰ. ①低… Ⅱ. ①施… Ⅲ. ①低压电器－中等专业学校－教材 Ⅳ. ①TM52

中国版本图书馆CIP数据核字（2021）第023847号

策划编辑　李宇峰　　责任编辑　李宇峰　　封面设计　张　志　　版式设计　王艳红
责任校对　窦丽娜　　责任印制　韩　刚

出版发行　高等教育出版社
社　　址　北京市西城区德外大街4号
邮政编码　100120
印　　刷　北京印刷集团有限责任公司
开　　本　787 mm× 1092 mm　1/16
印　　张　12
字　　数　290千字
购书热线　010-58581118
咨询电话　400-810-0598
网　　址　http://www.hep.edu.cn
　　　　　http://www.hep.com.cn
网上订购　http://www.hepmall.com.cn
　　　　　http://www.hepmall.com
　　　　　http://www.hepmall.cn
版　　次　2015 年 7 月第 1 版
　　　　　2021 年 3 月第 2 版
印　　次　2021 年 3 月第 1 次印刷
定　　价　25.00 元

物 料 号　55529-00

前　言

职业教育在探索中前进,在创新中发展。职业教育应该用什么样的教育理念、采用什么样的教学模式、用什么样的教学方法、采用什么样的教材,才能适合我们的教学对象,培养出适合社会需要的人才,这是专注于职业教育事业的同仁们不断思考和探索的问题。《低压电器技术与应用》理实一体化教材,正是专注于职业教育事业的一线教师们在探索职业教育教学模式和方法的实践探索。

本教材以激发学生的学习兴趣,更加高效地给予学生获取知识的方法为编写的理念,按照理实一体化项目式体例进行编写,重视理论与实践紧密融合,适合"做中学,做中教"的一体化教学,理论教学的内容尽量精简,以"必需、够用、实用"为原则。本书强化技能训练和实际生产的紧密结合,同时通过动手操作,帮助学生在提高技能的同时真正掌握相关理论知识,以达到其综合能力的提升。

教材的编写在内容呈现上,力求图文并茂,用大量的图片、实物照片、表格等形式将知识点和技能要求生动地呈现出来。为了突破知识的重难点,本书在编写中力求内容的具体化、实物化、精细化。以实际低压电器作为项目,项目下分为若干任务。其中,"拆解"和"探究"两个子任务的安排,有效地解决了低压电器的结构和原理两个教学难点,符合中职学生的认知规律。

教材的编写在内容选取上,坚持实用性、通用性、先进性相结合,体现课程的性质、价值、理念、目标、标准。坚持以电工国家职业技能标准为依据,涵盖国家职业技能标准中级、高级相关知识和技能要求,并参考国家相关技术标准编写教材内容,保证教材内容的科学性、规范性和实用性。

教材教学参考学时为64学时,具体分配如下:

项目	学时
一	2
二	6
三	9
四	9
五	6
六	20
七	12

本书由慈溪技师学院施俊杰担任主编，徐锋益担任副主编，方荣、陈益飞、王春惠以及宁波中大力德智能传动股份有限公司万亚勇、宁波兴瑞电子科技有限公司邹杰参与编写。全书由施俊杰统稿，宁波第二技师学院毛雷飞正高级讲师对全书进行了审阅，并提出了许多宝贵意见和建议，在此表示真挚的感谢！

由于编者水平有限，编写时间仓促，书中难免存在错误和疏漏，恳请广大读者批评指正。读者意见或建议可反馈至 zz_dzyj@pub.hep.cn。

编　者

2020 年 6 月

目　　录

项目一　低压电器基础知识

低压电器通常是指在 AC 1 200 V、DC 1 500 V 以下工作的电器，就是一种能根据外界的信号和要求，手动或自动地接通或断开电路，实现对电路的切换、控制、保护、检测和调节的元件或设备。常见的低压电器有熔断器、按钮、接触器、继电器、行程开关、接近开关等。

学习目标

本项目的主要内容就是初识低压电器，掌握低压电器的分类方法和常用术语的含义。

任务一　低压电器的分类

图 1–1 所示为 VMC850E 型立式加工中心及其电气控制柜。机床和电气控制柜中布置了各种不同的低压电器，用于控制机床的轴移动以及冷却、排屑等辅助功能。

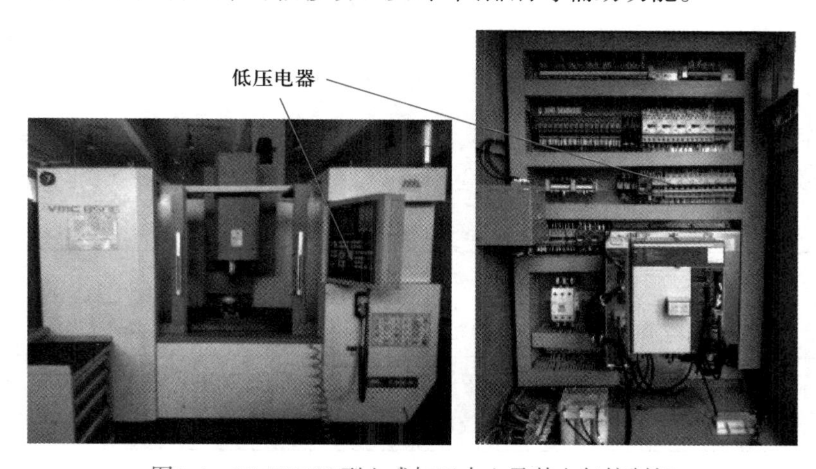

图1–1　VMC850E型立式加工中心及其电气控制柜

实际企业中的机器设备种类繁多，大多涉及电力拖动。凡是采用电力拖动的生产机械，其电动机的运转都是由各种接触器、继电器、按钮、行程开关、变频器、伺服驱动器等低压电器构成的控制线路来控制的。

不同的机器设备对电动机的控制要求不同，要使电动机按照生产要求正常安全运转，必须配备相应的低压电器，组成相应的控制线路，才能达到目的。不同的机器设备其电气控制柜不同，所用的低压电器数量、型号、规格也不相同。图 1–2 所示为常用的低压电器。

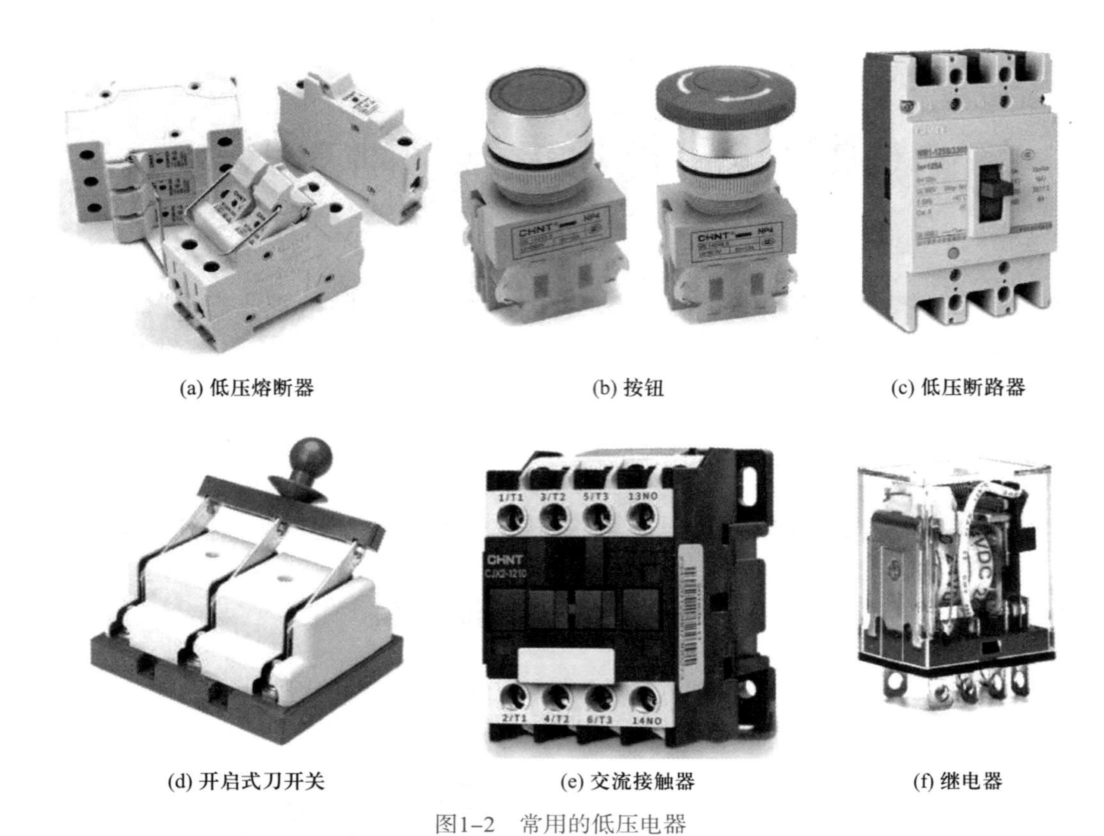

(a) 低压熔断器　(b) 按钮　(c) 低压断路器

(d) 开启式刀开关　(e) 交流接触器　(f) 继电器

图1–2　常用的低压电器

低压电器的种类繁多,分类方法也很多,常见的分类方法如下:

1. 一般分类(见表 1–1)

表1–1　低压电器的一般分类

名称	说明及用途
低压熔断器	瓷插式,螺旋式,封闭管式,自复式,主要作用是在线路中作短路保护
主令电器	常用的主令电器有按钮、行程开关、传感器、万能转换开关、主令控制器、凸轮控制器等。主要作用是用来接通或断开控制电路,以发出指令或用于程序控制的开关电器
低压开关	常用的低压开关有低压断路器、低压负荷开关、组合开关。主要用途是作隔离、转换、接通和分断电路用
接触器	接触器分为交流接触器和直流接触器,接触器是一种自动的电磁式开关,主要用于电路的自动控制
继电器	继电器一般分为电压继电器、电流继电器、时间继电器、温度继电器、速度继电器、压力继电器,主要用于接通和分断小电流电路,实现自动控制和保护电力拖动装置的电器

2. 按用途分类(见表 1–2)

表1–2　低压电器的按用途分类

名称	说明及用途
低压配电电器	包括刀开关、组合开关、低压断路器等,主要用在低压供配电系统和机器设备的动力系统
低压控制电器	包括接触器、继电器、主令电器等,主要用在电力拖动控制系统

3. 按操作方式分类(见表 1–3)

表1–3　低压电器的按操作方式分类

名称	说明及用途
手动低压电器	主要依靠人力来完成接通、分断等动作的低压电器,如刀开关、组合开关、按钮等
自动低压电器	通过电磁机构或其他信号的作用来自动完成接通或分断等动作的低压电器,如接触器、继电器、接近开关等

4. 按工作原理分类(见表 1–4)

表1–4　低压电器的按工作原理分类

名称	说明及用途
电磁式低压电器	这类低压电器的感测元件接受的是电压或电流等电量信号,如接触器、电压继电器、电流继电器等
非电量控制低压电器	这类低压电器的感测元件接受的是热量、转速、距离等非电量信号,如热继电器、速度继电器、接近开关等

任务二　低压电器的常用术语

(1)额定工作电压

在规定条件下,保证低压电器正常工作的电压值。

(2)额定工作电流

在规定条件下,保证低压电器正常工作的电流值。

(3)额定绝缘电压

在规定条件下,用来度量电器及其部件的不同电位部分的绝缘强度、电气间隙和爬电距离的标准电压值。电器的额定绝缘电压应高于或等于电源系统的额定电压。

(4)约定发热电流

在规定条件下试验时,低压电器在八小时工作制下,各部件的温升不超过规定极限值所能承载的最大电流。

(5)通断时间

从电流开始在开关电器的一个极流过的瞬间起，到所有极的电弧最终熄灭的瞬间为止的时间间隔。

（6）燃弧时间

电器分断过程中，从触头断开（或熔体熔断）出现电弧的瞬间开始，至电弧完全熄灭为止的时间间隔。

（7）操作频率

开关电器在每小时内可能实现的最高循环操作次数。

（8）电气寿命

在规定使用条件下，机械开关低压电器无需修理或更换零件的负载操作循环次数。

（9）机械寿命

机械开关低压电器在需要修理或更换零件前所能承受的无载操作循环次数。

（10）使用类别

有关操作条件的规定要求的组合，通常用额定工作电流的倍数、额定工作电压的倍数及其相应的功率因数或时间常数等来表征低压电器额定接通和分断能力的类别。

（11）额定工作制

八小时工作制、不间断工作制、短时工作制、断续周期工作制。

任务三　初识低压电器

由指导教师准备各种不同类别、型号的低压电器，如图 1–3 所示，通过查看低压电器铭牌和相应使用手册，认识各种类型的低压电器，并将名称和型号填入表 1–5 中。

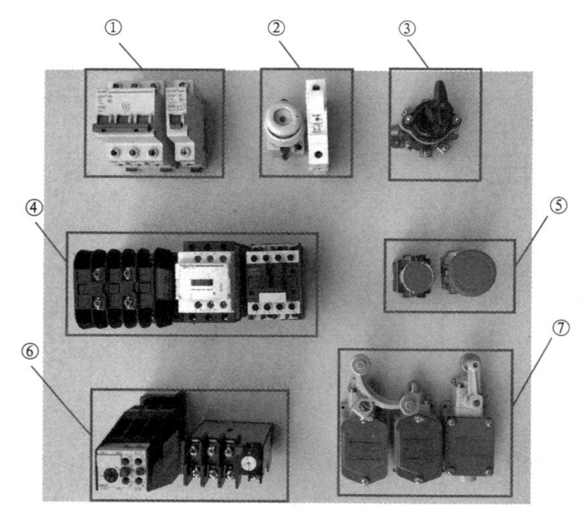

图1–3　各种类型的低压电器实物图

表1-5 初识低压电器

编号	名 称	型 号
①		
②		
③		
④		
⑤		
⑥		
⑦		

项目二　熔　断　器

熔断器是一种起保护作用的电器,它串联在被保护的电路中,当线路或电气设备的电流超过规定值足够长的时间后,其自身产生的热量能够熔断一个或几个特殊设计的部件,断开其所接入的电路并分断电源,从而起到保护作用。

熔断器结构简单、使用方便、价格低廉,广泛应用于低压配电系统和控制电路中,主要作为短路保护元件。

学习目标

本项目的主要内容是认识常用的熔断器,了解其结构和原理,并掌握其拆装及检修的基本方法。具体要求如下:

1. 了解熔断器的规格、基本结构、电气图形符号、文字符号及工作原理
2. 能识读熔断器产品型号含义
3. 掌握检修熔断器的方法
4. 会根据控制要求正确选择与使用熔断器

任务一　初识熔断器

一、外形

熔断器的类型很多,但其基本结构和工作原理基本相同。常用熔断器的外形图如图 2-1 所示。

(a) RC1A系列(瓷插式)

(b) RL1系列(螺旋式)

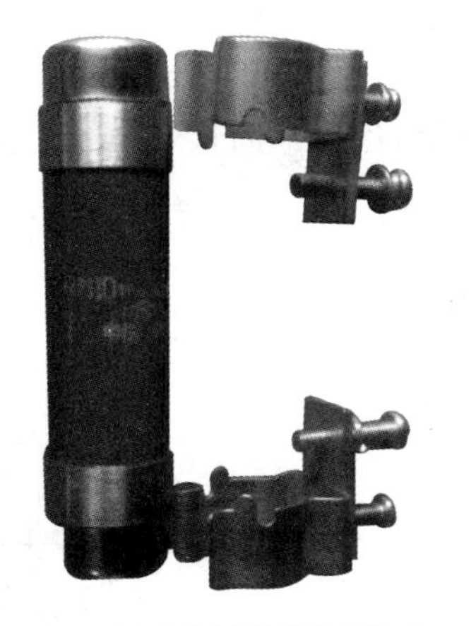

(c) RM10系列(无填料封闭管式)

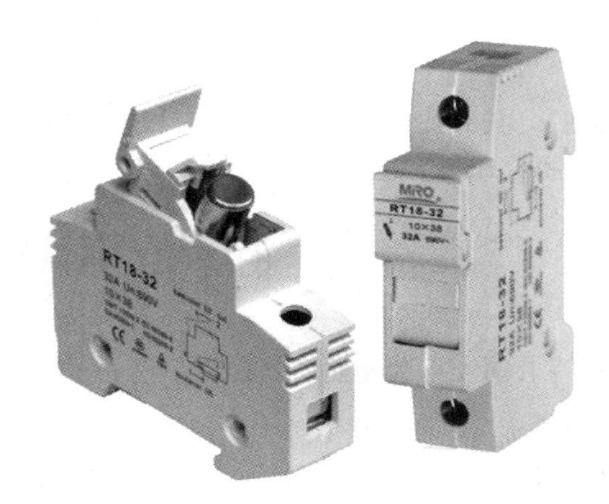

(d) RT18系列(有填料封闭管式)

(e) RS系列(快速熔断式)

图 2-1　常用熔断器的外形图

二、电气图形符号

熔断器的电气图形符号如图 2-2 所示。

三、型号与含义

熔断器的型号与含义如图 2-3 所示。

图2-2　熔断器的电气图形符号

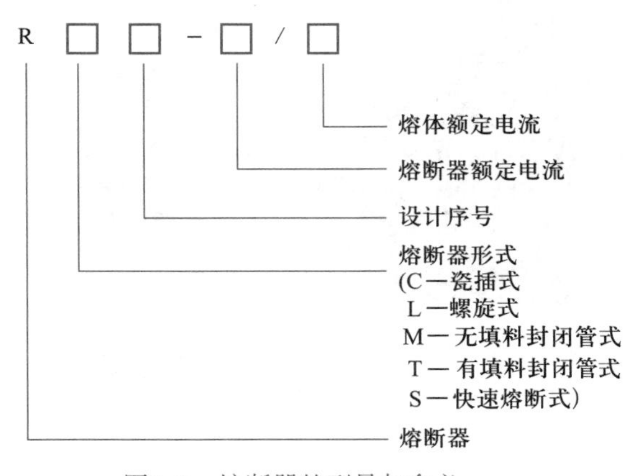

图2-3　熔断器的型号与含义

四、分类

熔断器的分类方式很多，一般以结构和使用场合分类，包括瓷插式、螺旋式、无填料封闭管式、有填料封闭管式和快速熔断式等。

任务二　拆解熔断器

一、拆解 RC1A 系列瓷插式熔断器

拔出瓷盖，分离瓷盖和瓷座，如图 2–4 所示。

该系列熔断器是将熔丝用螺钉固定在瓷盖上，然后插入底座，它由瓷座、瓷盖、动触头、静触头及熔丝槽五部分组成。一般应用于交流 50 Hz、额定电压 380 V 及以下，额定电流 200 A 及以下的低压线路末端或分支电路中，作为电气设备的短路保护及一定程度的过载保护。

图2–4　瓷盖和瓷座分离

二、拆解 RL1 系列螺旋式熔断器

步骤 1：取下瓷帽，按逆时针方向旋下瓷帽，如图 2–5 所示。

图2–5　取下瓷帽

步骤 2：取出熔体，如图 2–6 所示。

步骤 3：按逆时针方向旋下瓷套，如图 2–7 所示。

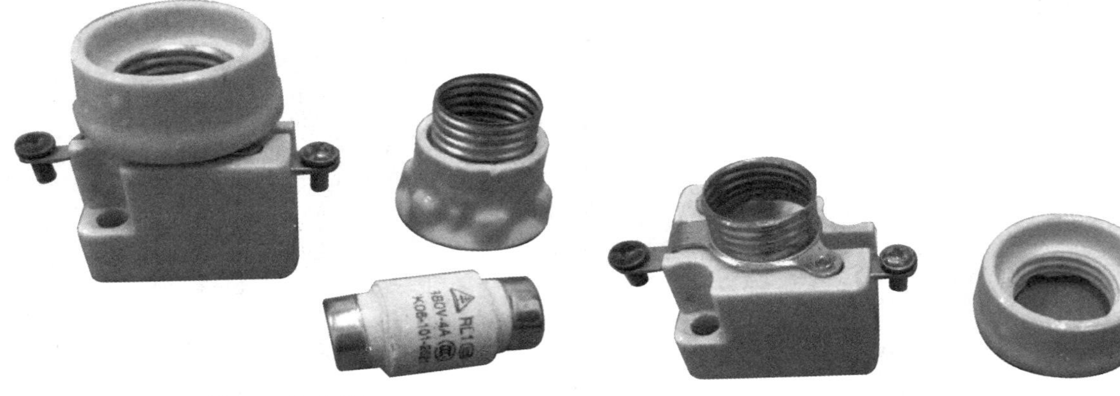
图2–6　取出熔体

图2–7　取下瓷套

步骤 4：拆下上下接线座，用十字螺丝刀将底座反面的四个螺钉拧下来即可拆下上下接线座，拆下上下接线座后，底座也就拆下来了，如图 2-8 所示。

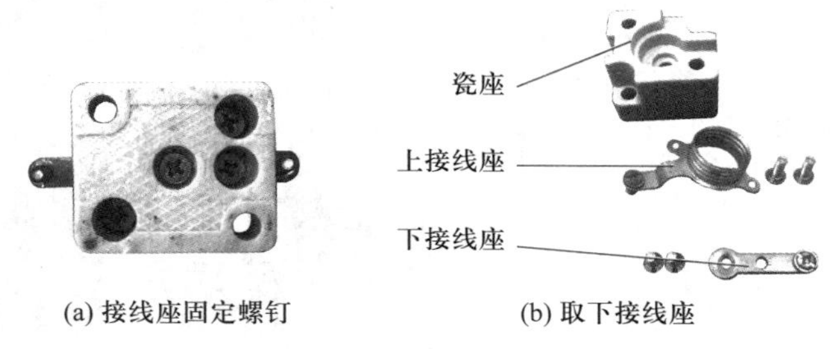

图2-8　接线座和底座分离

如图 2-9 所示，RL1 系列熔断器主要由瓷帽、熔体、瓷套、上接线座、下接线座及瓷座六部分组成。广泛应用于控制箱、配电屏、机床设备及振动较大的场合，在交流额定电压 500 V、额定电流 200 A 及以下的电路中，作为短路保护器件。

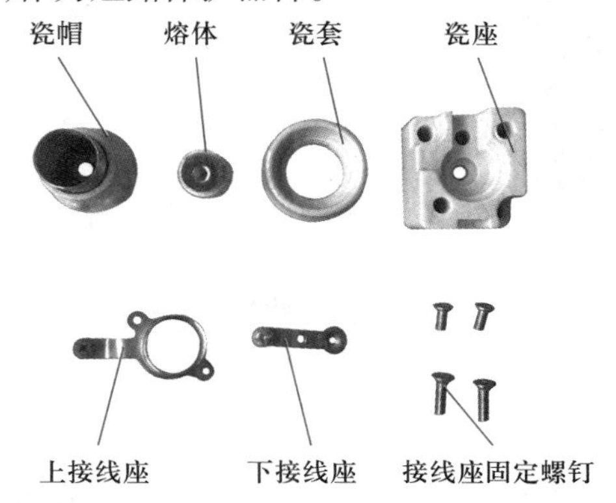

图2-9　RL1系列熔断器组成

三、拆解 RT28 系列有填料封闭管式熔断器

步骤 1：拉开载熔体卡片，取出熔体，如图 2-10 所示。

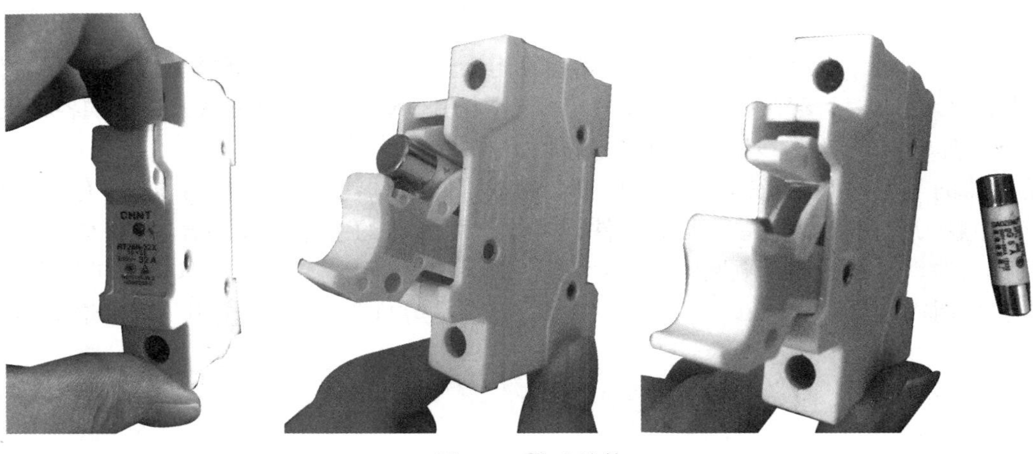

图2-10　取出熔体

步骤 2：拔出侧面三个铆钉，分离熔断器壳体，如图 2–11 所示。

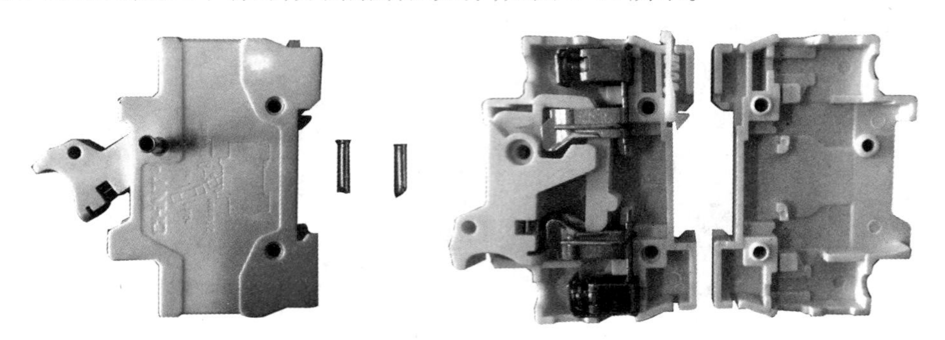

图2–11　分离熔断器壳体

步骤 3：分离接线端子及触点，如图 2–12 所示。

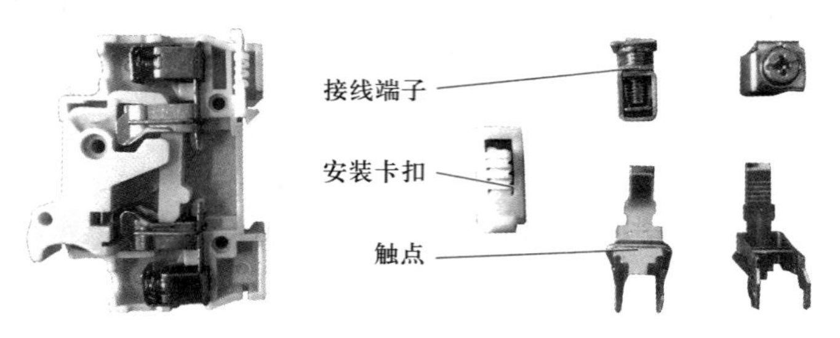

图2–12　分离接线端子及触点

步骤 4：拆解载熔体，如图 2–13 所示。

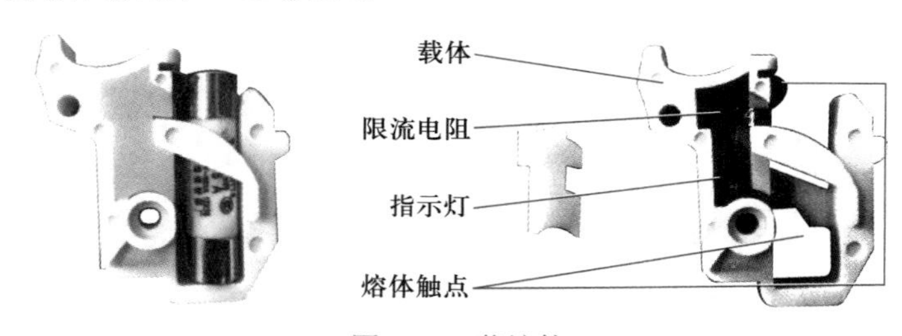

图2–13　载熔体

如图 2–14 所示，RT28 系列熔断器由熔体及熔断器支持件组成，熔断器支持件由壳体、载熔体、安装卡扣等组成。主要应用于交流 50 Hz，额定电压 380 V，额定电流 63 A 及以下的各种机床、机械设备及配电网络，作为线路的过载和短路保护器件。

熔断器的类型很多，但其结构主要两部分组成，即熔断器座、熔体，包括填料（有的没有填料）、熔管、触刀、盖板、熔断指示器等部件。熔体是熔断器的主要组成部分，它既是感受元件又是执行元件。熔断器接入电路时，熔体串联在被保护电路中。熔管是熔体的保护外壳，用耐热绝缘材料制成，在熔体熔断时兼有灭弧作用。熔座是熔断器的底座，作用是固定熔管和外接引线。

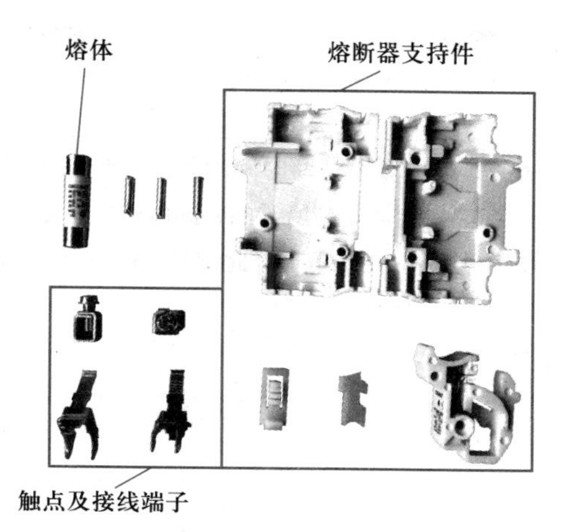

图2-14　RT28系列有填料封闭管式熔断器组成

任务三　探究熔断器工作原理

熔断器的工作原理实际上是一种利用热效应原理工作的保护电器，它通常串联在被保护的电路中，并应接在电源相线输入端。当电路为正常负载电流时，熔体的温度较低；而当电路中发生短路或过载故障时，通过熔体的电流随之增大，熔体开始发热。当电流达到或超过某一定值时，熔体温度将升高到熔点，便自行熔断，分断故障电路，从而达到保护电路和电气设备、防止故障扩大的目的。熔体的保护作用是一次性的，一旦熔断即失去作用，应在故障排除后，更换新的相同规格的熔体。

任务四　熔断器的主要技术参数

熔断器的主要技术参数有额定电压、额定电流、极限分断能力、安秒特性，见表 2-1。

表 2-1　熔断器的主要技术参数

技术参数	解　释
额定电压	指熔断器长期工作时和分断后能够承受的电压，它取决于线路的额定电压，其值一般等于或大于电气设备的额定电压
额定电流	指熔断器长期工作时，各部件温升不超过规定值时所能承受的电流。熔断器的额定电流等级比较少，而熔体的额定电流等级比较多，即在一个额定电流等级的熔断器内可以分装不同额定电流等级的熔体，但熔体的额定电流最大不能超过熔断器的额定电流
极限分断能力	指熔断器在规定的额定电压和功率因数（或时间常数）的条件下，能分断的最大短路电流值。在电路中出现的最大电流值一般是指短路电流值。所以极限分断能力也反映了分断短路电流的能力

续表

技术参数	解　释
安秒特性	指熔体的熔化电流与熔断时间的关系，熔断器的动作是靠熔体的熔断来实现的，当电流较大时，熔体熔断所需的时间就较短。而电流较小时，熔体熔断所需用的时间就较长，甚至不会熔断。因此，对熔体来说，其动作电流和动作时间特性即熔断器的安秒特性，为反时限特性。 在安秒特性曲线中有一个熔断电流与不熔断电流的分界线，与此相对应的电流称为最小熔断电流 I_R

任务五　熔断器的选用及使用注意事项

一、选用

熔断器的选择包含熔断器类型、额定电压、熔断器和熔体额定电流的选择。

1. 类型的选择

熔断器的类型应根据电路要求、使用场合和安装条件选择。

2. 额定电压的选择

熔断器的额定电压应不小于电路的工作电压。

3. 熔断器额定电流的选择

熔断器的额定电流必须不小于所装熔体的额定电流。

4. 熔体额定电流的选择

（1）对于平稳、无冲击电流的电阻性负载电路可按负载电流实际大小确定，熔体的额定电流等于或稍大于负载的额定电流。

（2）对于单台不经常启动且启动时间不长的电动机，熔体的额定电流应不小于电动机额定电流的 1.5~2.5 倍。

（3）对于单台频繁启动的电动机，熔体的额定电流应不小于电动机额定电流的 3~3.5 倍。

（4）对于多台电动机，熔体的额定电流应不小于其中最大容量电动机额定电流的 1.5~2.5 倍，再加上其余电动机额定电流的总和。

二、使用注意事项

（1）更换熔体时，一定要先查明大电流产生的原因。

（2）熔断器安装时应保证熔体与夹头、夹头与夹座接触良好。瓷插式熔断器应垂直安装螺旋式熔断器接线时，电源线应接在下接线座上，负载线应接在上接线座上，以保证能安全地更换熔体。

（3）熔断器内要安装合格的熔体，不能用多根小规格的熔丝并联代替一根大规格的熔丝，在多级保护的场合，各级熔断器应相互配合，上级熔断器的额定电流等级以大于下级熔断器的额定电流等级两级为宜。

（4）更换熔体时，必须切断电源，尤其不允许带负荷操作，以免发生电弧灼伤。管式熔断器的熔体应用专用的绝缘插拔器进行更换。

（5）RL1 系列熔断器使用时，将合适的圆柱形熔体放入瓷帽，然后与瓷帽一起旋入瓷套。RT18 系列熔断器使用时，将合适的熔体插入扳口内，然后将扳口向上推入。

（6）因电路故障导致熔断器熔体熔断后，必须仔细检查电路，排除故障后，再更换同规格的熔体。不能盲目地通过增大熔体的额定电流来恢复电路运行，以防引起更大的故障。

（7）熔断器兼作隔离器件使用时，应安装在控制开关的电源进线端；若仅作短路保护用，应装在控制开关的出线端。

任务六　熔断器的拆装与检修

一、工具、仪表及器材

1. 器材准备：RC1A、RL1、RT18 等系列熔断器，并编号
2. 选择工具仪表：电工常用工具、镊子等，数字式万用表

二、识别熔断器

在指导教师的指导下，识别所给熔断器，仔细观察各种不同型号、规格的熔断器，熟悉它们的外形、型号，将型号以及相关参数填入表 2–2 中。

表2–2　各熔断器型号以及相关参数

序号	型号	熔体额定电压	熔体额定电流	类型	适用场合

三、识读使用手册（说明书）

根据所给熔断器的使用手册，熟悉熔断器主要技术参数的意义、结构、工作原理，安装使用方法。

四、拆解熔断器（以 RL1 系列螺旋式熔断器为例）

根据相应的操作步骤，拆解熔断器，并将相关内容填入表 2–3 中。

表2-3 熔断器的拆装、检修

<table>
<tr><th colspan="2">型号</th><th>拆解步骤</th><th>检修记录</th><th>组装记录</th></tr>
<tr><td colspan="2"></td><td rowspan="8"></td><td rowspan="8"></td><td rowspan="8"></td></tr>
<tr><td colspan="2">熔体额定电压</td></tr>
<tr><td colspan="2"></td></tr>
<tr><td colspan="2">熔体额定电流</td></tr>
<tr><td colspan="2"></td></tr>
<tr><td colspan="2">检测熔断器质量</td></tr>
<tr><td>检测结果</td><td>判断质量</td></tr>
<tr><td></td><td></td></tr>
</table>

五、检修

按以下项目检修熔断器，并将检修记录填入表 2-3 中。

（1）检查熔体外观有无破损、变形现象，瓷绝缘部分有无破损。

（2）熔体发生氧化、腐蚀或损伤时，应及时更换。

（3）检查熔断器的底座有无松动现象。

（4）检查熔体接触是否紧密良好，导电部分有无熔焊、烧损。

（5）清理熔断器上的灰尘和污垢。

六、组装

按以下顺序组装，并将组装记录填入表 2-3 中。

（1）装入上下接线座。

（2）装入瓷套

（3）装入熔体。

（4）装入瓷帽。

七、检测

按以下步骤检测熔断器质量，并将检测结果记录在表 2-3 中。

1. 调试万用表

步骤 1：将数字式万用表的黑表笔插入 COM 口，红表笔插入电压、电阻孔，挡位转换开关旋转到电阻 200 Ω 挡，如图 2-15（a）所示。

步骤 2：将红、黑表笔短接在一起，万用表显示电阻值约为 0 Ω，表明此万用表工作正常，如图 2-15（b）所示。

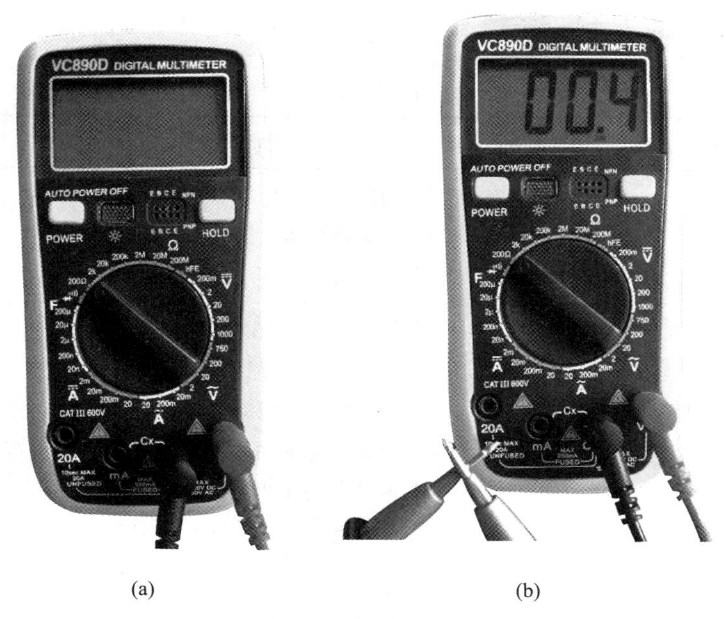

(a) (b)

图2-15　调试万用表

2. 检测熔断器

步骤 1：用红、黑表笔分别充分接触熔体两端的金属圆环，若显示数值约为 1 Ω，表明此熔体是好的，如图 2-16（a）所示。

步骤 2：用红、黑表笔分别充分接触熔断器的金属片两端，若显示数值约为 1 Ω，表明此熔断器是好的，如图 2-16（b）所示。

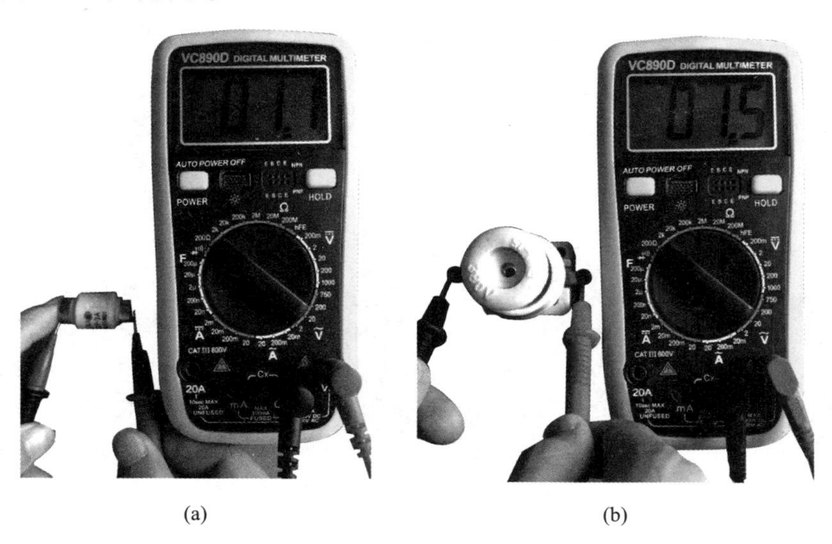

(a) (b)

图2-16　检测熔断器

八、评分标准（见表 2–4）

表2–4　评 分 标 准

<table>
<tr><th>项目内容</th><th colspan="2">配分</th><th colspan="3">评分标准</th><th>扣分</th></tr>
<tr><td>识别熔断器</td><td colspan="2">40 分</td><td colspan="3">（1）写错或漏写型号每只扣 5 分
（2）相关参数错误每项扣 5 分
（3）类型、使用场合错误 酌情扣分</td><td></td></tr>
<tr><td>熔断器的拆装、检修和检测</td><td colspan="2">60 分</td><td colspan="3">（1）拆装方法不正确或不会拆装扣 20 分
（2）损坏、丢失或漏装零件 每件扣 10 分
（3）未进行检修或检修方法不正确扣 10 分
（4）更换熔体方法不正确或更换熔体后熔断器断路扣 20 分
（5）检测方法或结果不正确 扣 10 分</td><td></td></tr>
<tr><td>安全文明生产</td><td colspan="5">违反安全文明生产规程 扣 5~40 分</td><td></td></tr>
<tr><td>定额时间</td><td colspan="5">30 min，每超过 5 min（不足 5 min 以 5 min 计）扣 5 分</td><td></td></tr>
<tr><td>备注</td><td colspan="4">除定额时间外，各项目的最高扣分不应该超过配分数</td><td>成绩</td><td></td></tr>
<tr><td>开始时间</td><td></td><td colspan="2">结束时间</td><td></td><td>实际时间</td><td></td></tr>
</table>

项目三　主 令 电 器

主令电器是用作接通或断开控制电路，以发出指令或用于程序控制的开关电器。简单讲，主令电器是用来对控制电路发出操作指令的开关电器。常用的主令电器有按钮、行程开关、万能转换开关、主令控制器等。

学习目标

本项目的主要内容就是认识常用的主令电器，了解其结构和原理，并掌握其拆装及检修的基本方法。具体要求如下：

1. 了解主令电器的规格、基本结构、电气图形符号及工作原理
2. 能识读主令电器产品型号含义
3. 掌握使用电工工具修复主令电器的技术
4. 会根据控制要求正确选择与使用主令电器

任务一　认 识 按 钮

任务 1–1　初识按钮

一、外形

按钮是一种用人体的手指或手掌施加力，推动传动机构，使动触点与静触点接通或断开而实现电路换接的开关，它是一种结构简单、应用十分广泛的主令电器。按钮的样式繁多，如图 3–1 所示。

(a) NP2系列　　(b) NP4系列

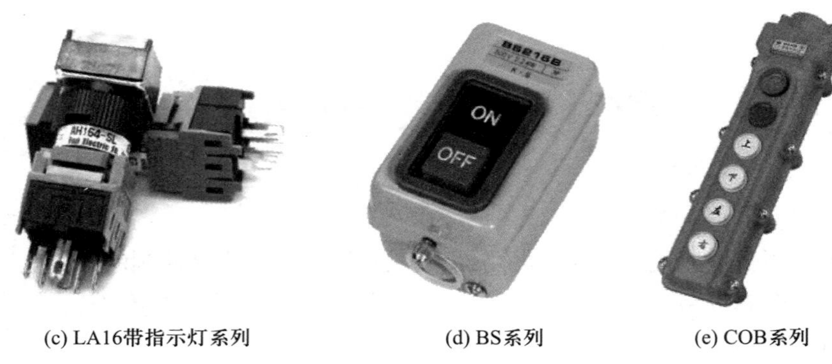

(c) LA16带指示灯系列　　(d) BS系列　　(e) COB系列

图3-1　常用按钮的外形图

二、电气图形符号

按钮的电气图形符号如图 3-2 所示。

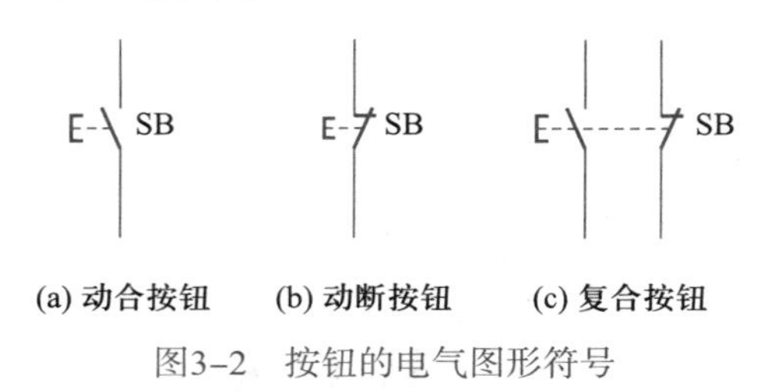

(a) 动合按钮　　(b) 动断按钮　　(c) 复合按钮

图3-2　按钮的电气图形符号

三、型号与含义

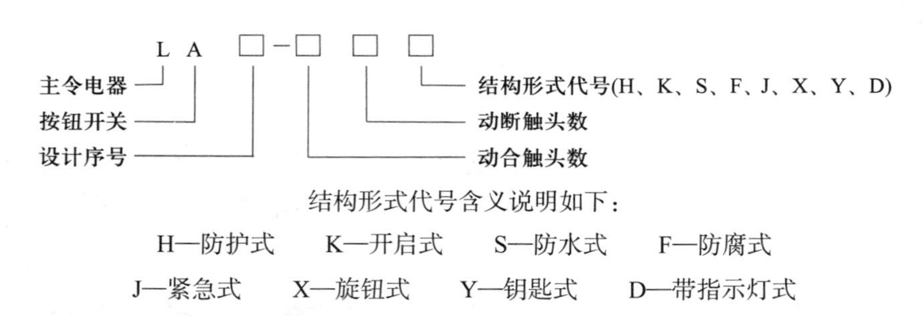

结构形式代号含义说明如下：

H—防护式　　K—开启式　　S—防水式　　F—防腐式

J—紧急式　　X—旋钮式　　Y—钥匙式　　D—带指示灯式

以 LA19-11D 为例，其含义为带指示灯式按钮，设计序号为 19，触头额定电压为 380 V，额定电流为 5 A，触头对数为 2 对，一对动合触头，一对动断触头。

四、分类

按钮的种类很多，可按操作方式、防护形式分类，常见的按钮类别及特点如下：

开启式——适用于嵌装在各类设备的操作面板上，代号为 K。

保护式——带保护外壳，可以防止内部的按钮零件受机械损伤及避免人体触及带电部分，代号为 H。

防水式——带密封的外壳，可防止雨水的侵入，代号为 S。

防腐式——能防止化学腐蚀性气体的侵入，代号为 F。

防爆式——能用于含有爆炸性气体与尘埃的场合而不引起爆炸，如煤矿等场所，代号为 B。

紧急式——有红色大蘑菇状扭头突出于外，用于紧急情况下切断电源，保护设备和人身安全，代号为 J。

旋钮式——用手旋转旋钮进行操作，有通断两个位置，一般为面板安装式，代号为 X。

钥匙式——用钥匙插入旋转进行操作，可防止误操作或供专人操作，代号为 Y。

带指示灯式——按钮内装有信号灯，兼作信号指示，多用于控制柜、控制台的面板上，代号为 D。

任务 1–2　拆解按钮（以 NP4–11BN 按钮为例）

步骤 1：拆按钮帽

NP4 系列按钮都是积木式搭建而成的按钮，用一字螺丝刀轻轻撬一下，就可以把按钮帽拆卸下来，然后把固定按钮用的螺纹套旋下来，露出复位弹簧，如图 3–3 所示。

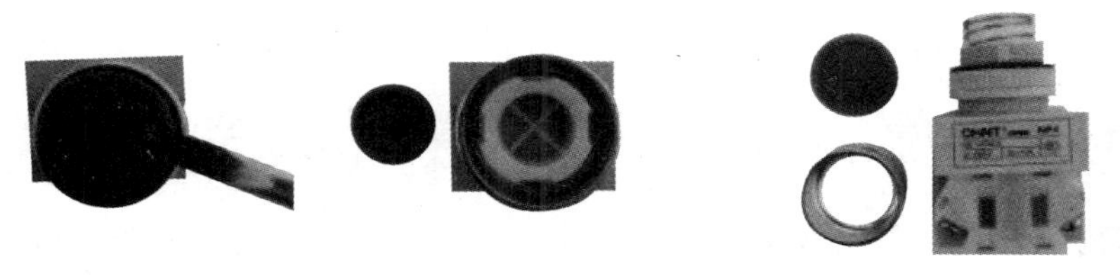

图3–3　拆按钮帽

步骤 2：触头模块与基座分离

用一字螺丝刀撬触头模块两侧的卡扣，把触头模块与基座分离，如图 3–4 所示。

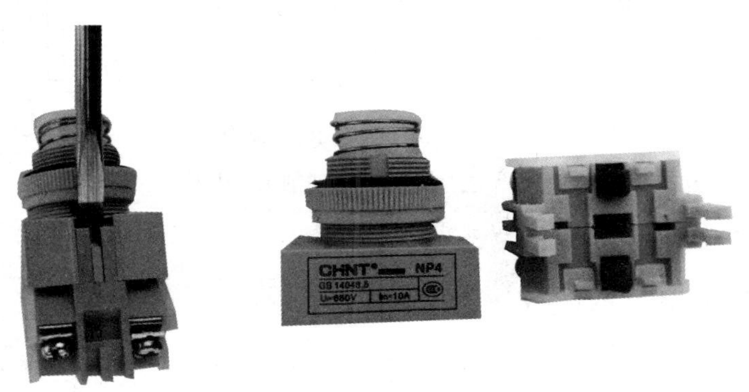

图3–4　触头模块与基座分离

步骤 3：拆解触头模块

触头模块本身也是采用积木式组合而成，共一对动合触点和一对动断触点，拆卸时只要沿着两个触头模块的卡槽往相反方向滑动即可脱离，如图 3–5 所示。按钮的整体实物分解图如图 3–6 所示。

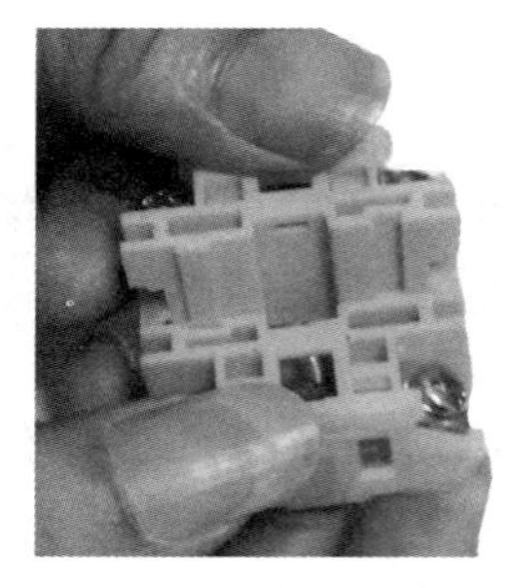

图3-5　触头模块的动合、动断触点分离

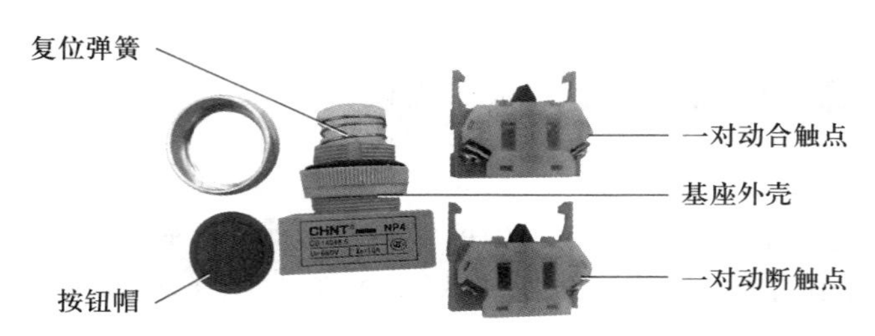

图3-6　按钮的整体实物分解图

任务 1-3　探究按钮的工作原理

如图 3-6 所示，按钮一般由按钮帽、复位弹簧、动静触头、支柱连杆和外壳等部分组成。

按钮按照静态（没有外力）时触头的分合状态，分为动合按钮、动断按钮和复合按钮（即动合、动断触头组合为一体的按钮）。

为了便于理解，下面根据按钮的结构图（如图 3-7 所示）分析按钮的工作原理。当按钮帽按下去时上面一对动断触头先分断，当按到底（很短的时间差），下面一对动合触头就闭合；当松开按钮帽时，在复位弹簧的作用下，下面的这对动合触点先立即恢复断开，随后上面的动断触头恢复闭合。通过触点的闭合和断开来控制相应电路的接通与分断。

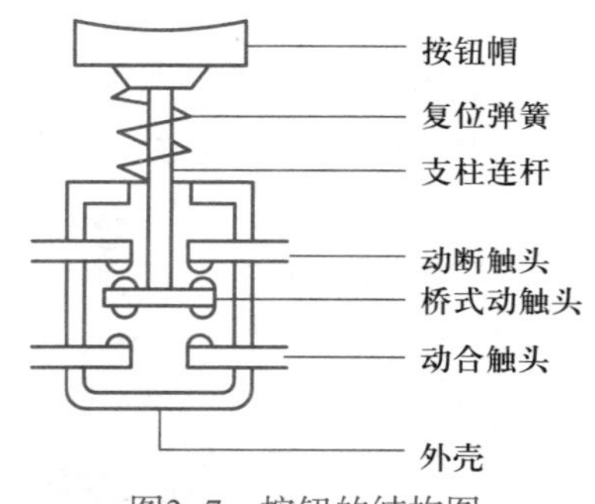

图3-7　按钮的结构图

任务 1-4　按钮的主要技术参数

按钮的主要技术参数有额定绝缘电压、约定发热电流、额定工作电压、额定工作电流、触点电阻、使用寿命、防护等级，一般在产品的说明书中都会有详细说明。LA10 系列按钮主要技术参数见表 3-1。

表3-1　LA10系列按钮主要技术参数

型号	额定电压 / 额定电流	结构特点	触头对数		按钮	
			动合	动断	扭数	颜色
LA2	500 V/5 A	元件	1	1	1	黑或绿或红
LA10-1K	500 V/5 A	开启式	1	1	1	黑或绿或红
LA10-2K	500 V/5 A	开启式	2	2	2	黑红或绿红
LA10-2H	500 V/5 A	保护式	1	1	1	黑或绿或红
LA10-2H	500 V/5 A	保护式	2	2	2	黑红或绿红
LA10-1S	500 V/5 A	元件（紧急式）	1	1	1	黑或绿或红
LA10-2S	500 V/5 A	元件（带指示灯式）	2	2	2	黑红或绿红

任务 1-5　按钮的选用及使用注意事项

一、选用

1. 选择按钮的类型

根据使用场合和具体用途选择按钮的种类。开启式按钮用于嵌装在操作面板上；紧急式按钮有红色大蘑菇扭头突出，便于紧急情况下切断电源，例如，商场中手扶电梯的上下两端底部都装有紧急停止按钮，当出现意外情况时按下，可以保护设备和人身安全；指示灯式按钮将按钮和指示灯组合在一起，用于同时需要按钮和指示灯的情况，可以节约空间；钥匙操作式按钮用于重要的不常动作的场合，如数控机床上的程序保护按钮。

2. 选择按钮的数量

根据控制回路需要，确定按钮数量，如单联按钮、双联按钮、三联按钮等。

3. 选择按钮或指示灯的颜色

根据工作状态指示和工作情况要求，选择按钮或指示灯的颜色。例如，绿色表示启动，红色表示紧急停止，白、灰、黑没有特殊含义，可按控制要求自行定义。

二、使用注意事项

（1）按钮是一种小电流开关电器，一般应用在电气设备的控制电路中，在控制电路中发出指令或信号去控制接触器、继电器等电器，再由它们去控制主电路的通断，一般不允许直接控制主电路。

（2）“停止”按钮必须用红色按钮，“急停”按钮必须用红色蘑菇形按钮，“启动”按钮可用绿色按钮。

（3）按钮安装在面板上时，应布置整齐，排列有序，如根据电动机启动的先后顺序，从左到右或从上到下排列。

（4）同一机床运动部件有几种不同的工作状态时（如万能铣床工作台的上下、前后、左右运动等），应使每一对相反状态的按钮安装在一组。

（5）按钮的安装应牢固，安装按钮的金属板或金属按钮盒应可靠接地。

（6）由于按钮的触头间距较小，如有油污等极易发生短路故障，所以应注意保持触头间的清洁。

（7）指示灯式按钮一般不宜用于需长期通电显示处，以免塑料外壳过度受热而变形，使更换灯泡困难。

任务 1–6　按钮的拆装与检修

一、工具、仪表及器材

1. 器材准备：LA10、LA19、NP4 等系列按钮，并编号
2. 选择工具仪表：电工常用工具、数字式万用表

二、识别按钮

在指导教师的指导下，识别所给按钮，仔细观察各种不同型号、规格的按钮，熟悉它们的外形、型号，注意识别动合触头和动断触头等。记录型号与规格、含义，画出按钮的电气图形符号，记录在表 3–2 中。

表3–2　识 别 按 钮

序号	名称	型号与规格	型号含义	电气图形符号
1				
2				
3				

三、识读使用手册（说明书）

根据所给按钮的使用手册，熟悉按钮主要技术参数的意义，进一步了解按钮的结构、工作原理和安装使用方法。

四、按钮的拆解

根据相应的操作步骤，拆解按钮，并将拆解过程记入表 3–3 中。

表3-3　按钮的拆装与检修

<table>
<tr><td colspan="2" rowspan="2">型号</td><td colspan="2" rowspan="2">容量 /A</td><td rowspan="2">拆装步骤</td><td rowspan="2">检修记录</td><td colspan="2">主要零部件</td></tr>
<tr><td>名称</td><td>作用</td></tr>
<tr><td colspan="2"></td><td colspan="2"></td><td rowspan="8"></td><td rowspan="8"></td><td rowspan="3"></td><td rowspan="3"></td></tr>
<tr><td colspan="4">触点对数</td></tr>
<tr><td colspan="2">动合触点</td><td colspan="2">动断触点</td></tr>
<tr><td colspan="2"></td><td colspan="2"></td><td rowspan="2"></td><td rowspan="2"></td></tr>
<tr><td colspan="4">触点电阻</td></tr>
<tr><td colspan="2">动合</td><td colspan="2">动断</td><td rowspan="3"></td><td rowspan="3"></td></tr>
<tr><td>动作前</td><td>动作后</td><td>动作前</td><td>动作后</td></tr>
<tr><td></td><td></td><td></td><td></td></tr>
</table>

五、检修

（1）检查按钮外壳有无破裂，清除按钮内部的金属颗粒。
（2）检查触点有无尘垢、发黑变色等现象。
（3）检查触点复位弹簧是否变形或弹力不足而引起按钮卡阻现象。
（4）检修完毕后将检修过程记录在表 3-3 中。

六、组装

根据相应的操作步骤，组装按钮，具体步骤如下：
（1）装入复位弹簧。
（2）装入按钮帽。
（3）将动合、动断触头组按标准位置装入触点基座。

七、检测

用万用表电阻挡检查各触点是否良好，用手去按动按钮，检查运动部分是否灵活，以防按钮接触不良或卡阻等故障。

动合触点检测：把万用表置于电阻 2 kΩ 挡，检测常态时的动合触点，如图 3-8（a）所示，万用表显示为 1（表示无穷大），再按下按钮，如图 3-8（b）中所示，万用表显示约为 0 Ω，则动合触点正常，否则为不正常。

动断触点检测：把万用表置于电阻 2 kΩ 挡，检测常态时的动断触点，如图 3-8（c）所示，万用表显示约为 0 Ω，再按下按钮，如图 3-8（d）所示，显示为 1，则动断触点正常，否则为不正常。

所有检测数据记录在表 3-3 中。

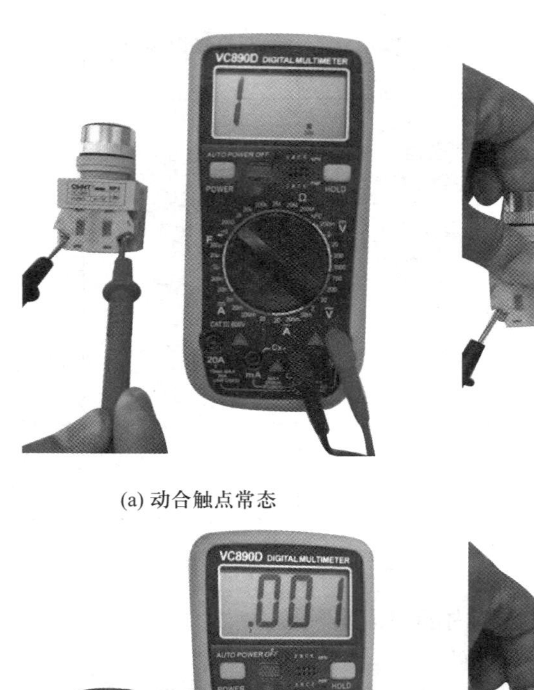

(a) 动合触点常态　　(b) 动合触点按下

(c) 动断触点常态　　(d) 动断触点按下

图3–8　按钮的检测

八、评分标准(见表 3–4)

表 3–4　评 分 标 准

项目内容	配分	评分标准	扣分
识别按钮	40	(1)写错或漏写型号每只扣 5 分 (2)相关参数错误每项扣 5 分 (3)类型、使用场合错误酌情扣分	

续表

<table>
<tr><th>项目内容</th><th>配分</th><th colspan="3">评分标准</th><th>扣分</th></tr>
<tr><td>按钮的拆装、检修与检测</td><td>60</td><td colspan="3">（1）拆装方法不正确或不会拆装扣 20 分
（2）损坏、丢失或漏装零件每件扣 10 分
（3）未进行检修或检修方法不正确扣 10 分
（4）检测方法或结果不正确扣 10 分</td><td></td></tr>
<tr><td>安全文明生产</td><td colspan="4">违反安全文明生产规程 扣 5 ~ 40 分</td><td></td></tr>
<tr><td>定额时间</td><td colspan="4">30 min，每超过 5 min（不足 5 min，以 5 min 计）扣 5 分</td><td></td></tr>
<tr><td>备注</td><td colspan="3">除定额时间外，各项目的最高扣分不应该超过配分数</td><td>成绩</td><td></td></tr>
<tr><td>开始时间</td><td></td><td>结束时间</td><td></td><td>实际时间</td><td></td></tr>
</table>

任务二　认识行程开关

任务 2-1　初识行程开关

一、外形

行程开关是一种利用生产机械某些运动部件的碰撞来发出控制指令的主令电器，主要用于控制生产机械的运动方向、行程限位等，所以又称限位开关。行程开关的种类很多，常用行程开关的外形图如图 3-9 所示。

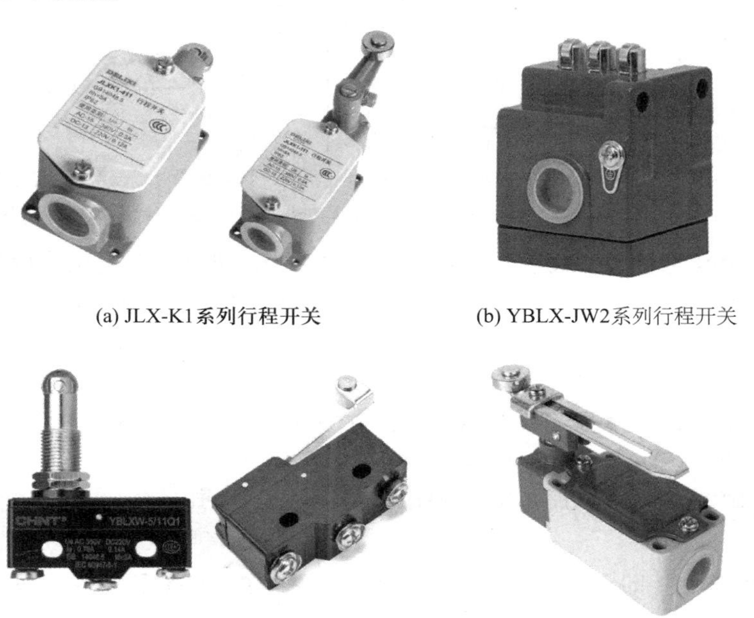

(a) JLX-K1系列行程开关　(b) YBLX-JW2系列行程开关

(c) YBLXW-5系列行程开关　(d) YBLX-K3系列行程开关

图3-9　常用行程开关的外形图

二、电气图形符号

行程开关的电气图形符号如图 3-10 所示。

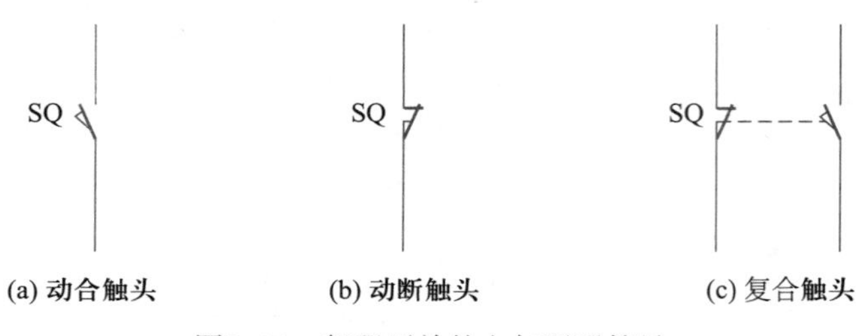

图3-10　行程开关的电气图形符号

三、型号与含义

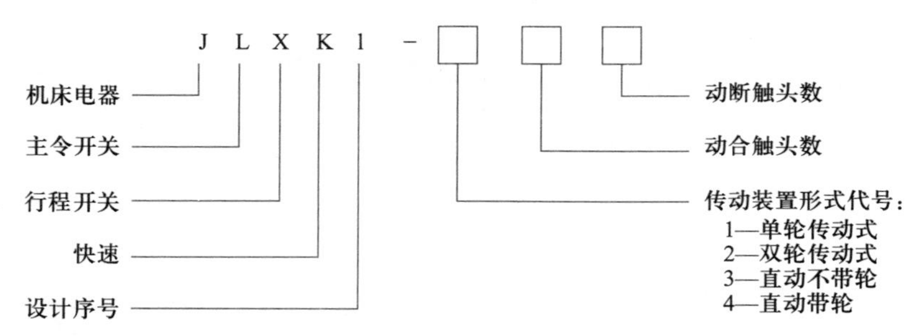

以 JLXK1-411 为例，其含义为快速式行程开关，主要用于机床行程控制，设计序号为 1，传动装置为直动带轮式，触头对数为 2 对，1 对动合触头，1 对动断触头。

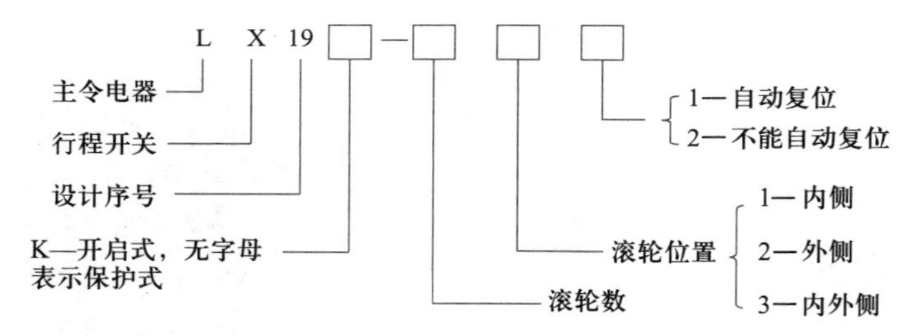

以 YBLX19-001 为例，YB 是代表改进型，其含义为改进型的自复位式行程开关，设计序号为 19，传动装置为自动复位，触头对数为 2 对，1 对动合触头，1 对动断触头。

四、分类

行程开关的种类很多，大致可以按以下两种方法分类。

1. 按用途分类

行程开关按用途不同可分为两类：一般用途行程开关（即常规行程开关）和起重设备用行程开关。

一般用途行程开关（即常规行程开关），如 JLXK11、LX19 等系列，它主要用于机床、自动生产线及其他生产机械的方向、行程限位等控制。

起重设备用行程开关，如 LX22、LX33 系列，它主要用于限制起重机及各种冶金辅助设备的行程。

2. 按结构形式分类

行程开关的基本结构大体相同，都是由触头系统、操作机构和外壳组成，以某种行程开关元件为基础，装上不同的操作机构，可得到各种不同形式的行程开关，常见的有直动式、滚轮式和微动式三类。

任务 2–2　拆解行程开关（以 YBLX–K1/311 行程开关为例）

步骤 1：拆卸保护盖

用十字螺丝刀逆时针旋转拆下行程开关保护盖上的两颗螺钉，如图 3–11 所示。

步骤 2：拆解内部触头系统

用手拉出行程开关内部触头模块，如图 3–12 所示。

图3–11　拆下行程开关保护盖板螺钉

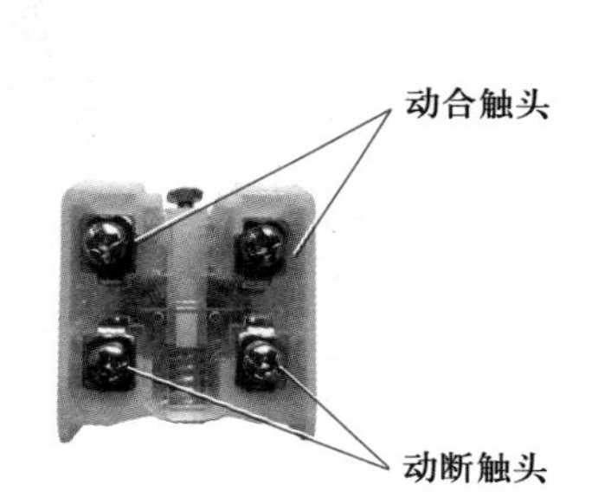

图3–12　行程开关内部触头模块

步骤 3：拆解操作机构

用十字螺丝刀逆时针旋转拆下行程开关操作机构的螺钉，如图 3–13 所示，行程开关的实物分解图如图 3–14 所示。

图3–13　拆下行程开关操作机构的螺钉

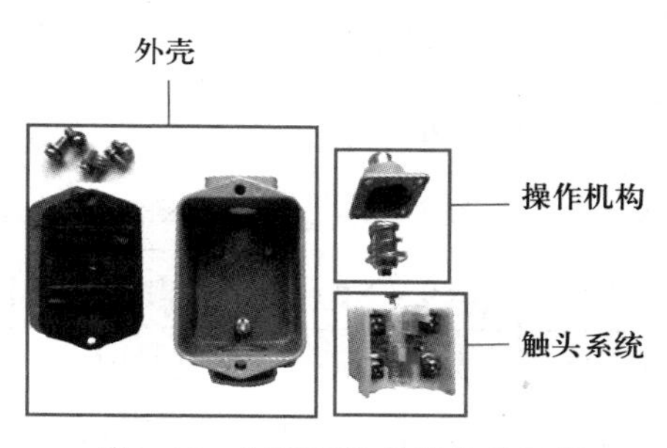

图3–14　行程开关的实物分解图

任务 2-3　探究行程开关的工作原理

如图 3-14 所示，行程开关由操作机构、触头系统和外壳组成。工作原理和按钮基本相同，区别在于按钮的操作主体是人体的手指或手掌，而行程开关的操作主体是机械部件。

打开行程开关，如图 3-15 所示，行程开关在碰撞前的初始状态下，上面一对是动合触头，下面一对是动断触头，碰撞后下面一对动断触头先断开，上面一对动合触头再闭合。利用生产机械运动部件的碰压使其触头动作，将机械信号转变为电信号，使生产机械按一定的位置实现自动停止、变速运动和自动往返等。

(a) 碰撞前

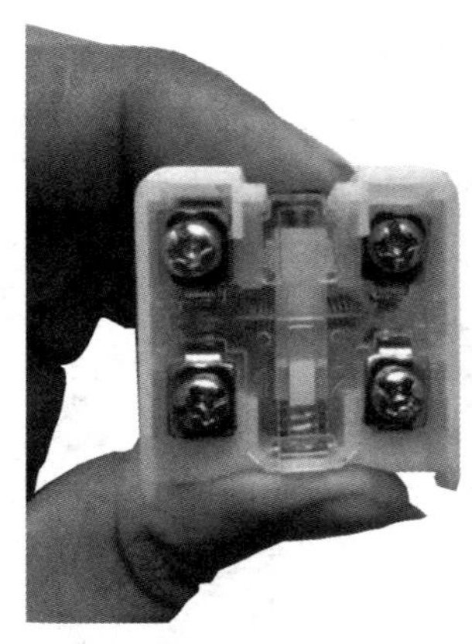

(b) 碰撞后

图3-15　行程开关的内部触头

任务 2-4　行程开关的主要技术参数

行程开关的主要参数是型号、工作行程、额定电压 / 额定电流及触头的数量，通常在产品的说明书中都会有详细说明。LX19 和 JLXK1 系列行程开关的主要技术参数见表 3-5。

表3-5　LX19和JLXK1系列行程开关的主要技术参数

型号	额定电压 / 额定电流	结构特点	触头对数		工作行程	超行程
			动合	动断		
LX19K	380 V/5 A	元件	1	1	3 mm	1 mm
LX19-001	380 V/5 A	无滚轮，直动式，自动复位	1	1	＜ 4 mm	3 mm
LX19-111	380 V/5 A	内侧单轮，自动复位	1	1	约 30°	约 20°
LX19-121	380 V/5 A	外侧单轮，自动复位	1	1	约 30°	约 20°
LX19-131	380 V/5 A	内外侧单轮，自动复位	1	1	约 30°	约 20°
LX19-212	380 V/5 A	内侧双轮，不能自动复位	1	1	约 30°	约 15°
LX19-222	380 V/5 A	外侧双轮，不能自动复位	1	1	约 30°	约 15°

续表

型号	额定电压 / 额定电流	结构特点	触头对数		工作行程	超行程
			动合	动断		
LX19–232	380 V/5 A	内外侧双轮，不能自动复位	1	1	约 30°	约 15°
JLXK1–111	500 V/5 A	单轮防护式	1	1	12°~15°	≤ 30°
JLXK1–211	500 V/5 A	双轮防护式	1	1	约 45°	≤ 45°
JLXK1–311	500 V/5 A	直动防护式	1	1	1~3 mm	2~4 mm
JLXK1–411	500 V/5 A	直动滚轮防护式	1	1	1~3 mm	2~4 mm

任务 2–5　行程开关的选用及使用注意事项

一、选用

1. 选择行程开关的类型

根据使用场合及控制对象选择行程开关的种类。例如，当机械运动速度不太快时通常选用一般用途的行程开关，数控机床的回零及限位控制不宜装直动式行程开关而应选用滚轮式行程开关。

2. 选择行程开关的防护形式

根据安装环境选择行程开关的防护形式。例如，数控机床上的轴限位开关应选用密封性能好的防护式行程开关。

3. 选择行程开关的额定电压和额定电流

根据控制电路的额定电压和额定电流选用系列，例如，LX1 系列的行程开关适用于交流 380 V、5 A 以下的控制电路中。

二、使用注意事项

（1）行程开关安装时，安装位置要准确，安装要牢固，金属外壳必须可靠接地。

（2）滚轮的方向不能装反，挡铁与其碰撞的位置应符合控制线路的要求，并确保能可靠地与挡铁碰撞。

（3）行程开关在使用中，要定期检查和保养，除去油垢及粉尘，清理触头，检查其动作是否灵活、可靠，及时排除故障。

任务 2–6　行程开关的拆装与检修

一、工具、仪表及器材

1. 器材准备：JLX–K1、YBLX–JW2 等系列按钮，并编号

2. 选择工具仪表：电工常用工具、数字式万用表

二、识别行程开关

在指导教师的指导下，识别所给行程开关，仔细观察各种不同型号、规格的行程开关，熟悉它们的外形、型号，注意识别动合触头和动断触头等。在表 3–6 中记录型号与规格、含义，画出行程开关的电气图形符号。

表3–6　识别行程开关

序号	名称	型号与规格	型号含义	电气图形符号
1				
2				
3				

三、识读使用手册（说明书）

根据所给行程开关的使用手册，熟悉行程开关主要技术参数的意义，进一步了解行程开关的结构、工作原理和安装使用方法。

四、行程开关的拆解

根据相应的操作步骤，拆解行程开关，并将拆解步骤记录在表 3–7 中。

表3–7　行程开关的拆解与检修

<table>
<tr><td colspan="2" rowspan="2">型号</td><td colspan="2" rowspan="2">容量 /A</td><td rowspan="2">拆卸步骤</td><td rowspan="2">检修记录</td><td colspan="2">主要零部件</td></tr>
<tr><td>名称</td><td>作用</td></tr>
<tr><td colspan="2"></td><td colspan="2"></td><td rowspan="8"></td><td rowspan="8"></td><td rowspan="4"></td><td rowspan="4"></td></tr>
<tr><td colspan="4">触点对数</td></tr>
<tr><td colspan="2">动合触点</td><td colspan="2">动断触点</td></tr>
<tr><td colspan="2"></td><td colspan="2"></td></tr>
<tr><td colspan="4">触点电阻</td><td rowspan="2"></td><td rowspan="2"></td></tr>
<tr><td colspan="2">动合</td><td colspan="2">动断</td></tr>
<tr><td>动作前</td><td>动作后</td><td>动作前</td><td>动作后</td><td rowspan="2"></td><td rowspan="2"></td></tr>
<tr><td></td><td></td><td></td><td></td></tr>
</table>

五、检修

（1）检查行程开关外壳有无破裂，清除行程开关内部的金属颗粒。
（2）检查触点有无尘垢、腐蚀、发黑变色等现象。
（3）检查内部撞块有无卡阻现象，弹簧是否变形失效。
（4）检修完毕后把检修过程记录在表 3–7 中。

六、组装

根据相应的操作步骤，组装行程开关，具体步骤如下：

（1）装入复位弹簧。

（2）装入操作机构。

（3）将动断、动合等触头组按标准位置装入行程开关内部基座，合上盖板。

七、检测

用万用表电阻挡检查各触点是否良好，用手去按动行程开关，检查运动部分是否灵活。

动合触点检测：把万用表置于电阻 2 kΩ 挡，检测常态时的动合触点，如图 3–16（a）所示，万用表显示为 1（表示无穷大），再手动按下行程开关，如图 3–16（b）中万用表显示约为 0，则动合触点正常，否则为不正常。

动断触点检测：把万用表置于电阻 2 kΩ 挡，检测常态时的动断触点，如图 3–16（c）所示，万用表显示约为 0，再手动按下行程开关，如图 3–16（d）中万用表显示为 1，则动断触点正常，否则为不正常。

所有检测数据记录在表 3–7 中。

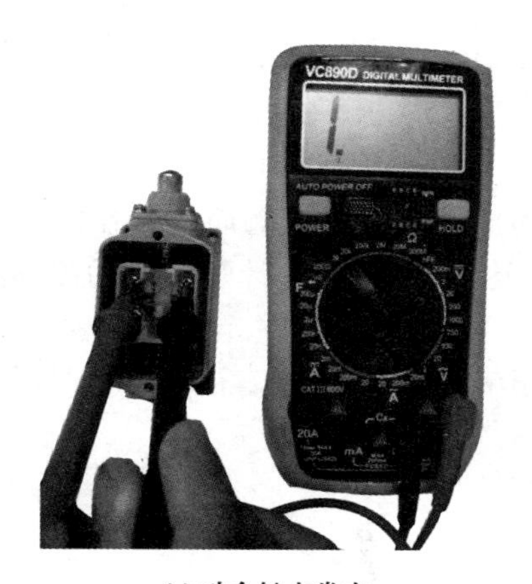

(a) 动合触点常态

(b) 动合触点按下

(c) 动断触点常态

(d) 动断触点按下

图3–16　行程开关的检测

八、评分标准（见表 3-8）

表 3-8 评 分 标 准

<table>
<tr><th>项目内容</th><th>配分</th><th colspan="4">评分标准</th><th>扣分</th></tr>
<tr><td>识别行程开关</td><td>40 分</td><td colspan="4">（1）写错或漏写型号每只扣 5 分
（2）相关参数错误每项扣 5 分
（3）类型、使用场合错误酌情扣分</td><td></td></tr>
<tr><td>行程开关的拆装与检测</td><td>60 分</td><td colspan="4">（1）拆装方法不正确或不会拆装扣 20 分
（2）损坏、丢失或漏装零件每件扣 10 分
（3）未进行检修或检修方法不正确扣 10 分
（4）检测方法或结果不正确扣 10 分</td><td></td></tr>
<tr><td>安全文明生产</td><td colspan="5">违反安全文明生产规程 扣 5 ~ 40 分</td><td></td></tr>
<tr><td>定额时间</td><td colspan="5">30 min，每超过 5 min（不足 5 min，以 5 min 计）扣 5 分</td><td></td></tr>
<tr><td>备注</td><td colspan="4">除定额时间外，各项目的最高扣分不应该超过配分数</td><td>成绩</td><td></td></tr>
<tr><td>开始时间</td><td colspan="2"></td><td>结束时间</td><td></td><td>实际时间</td><td></td></tr>
</table>

知识链接——接近开关

接近开关，又称无触点行程开关，是一种与运动部件无机械接触而能操作的行程开关。当运动的物体靠近开关到一定位置时，开关发出信号，达到行程控制、计数及自动控制的作用。图 3-17 所示为常用接近开关的外形图。

接近开关具有很多优点：动作可靠，性能稳定，频率响应快，使用寿命长，抗干扰能力强，并具有防水、防振、耐腐蚀等特点。

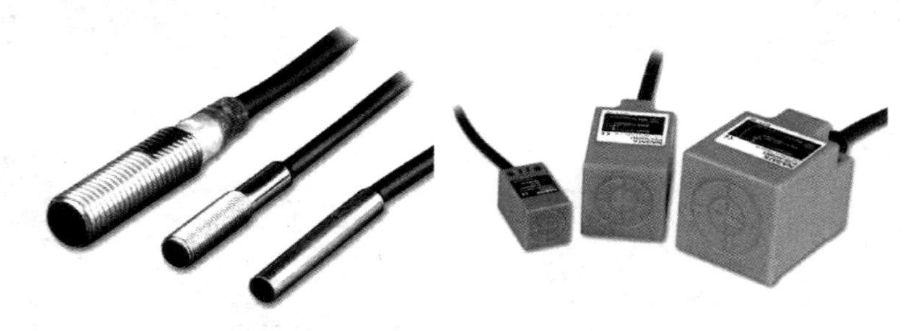

图3-17 常用接近开关的外形图

接近开关在实际生产生活中应用广泛。例如，在数控加工中心上的主轴夹紧放松到位信号、机械手到位检测信号、刀具检测信号、刀库刀具计数信号等都是用接近开关作为检测反馈。图 3-18 所示为 HTM-80H 卧式加工中心链式刀库系统，该系统应用了两个接近开关：一个装在链式刀库的一侧，用作刀套中有无刀具的检测；另外一个装在刀套的后面，用作计数信号。在实际的生产生活中，还有很多相应的例子，读者可以自行去探究发掘。

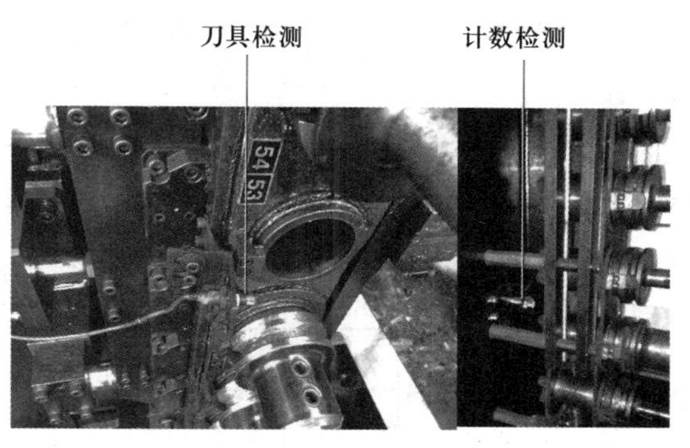

图3–18　HTM–80H卧式加工中心链式刀库系统

任务三　认识万能转换开关

任务 3–1　初识万能转换开关

一、外形

万能转换开关是由多组相同的触头组件叠装而成的、控制多回路的主令电器，主要用于各种控制线路的转换，电压表、电流表的换相测量控制，配电装置线路的转换和控制等，还可以用于直接控制小容量电动机的启动、调速和换向等。图 3–19 所示为常用万能转换开关的外形图。

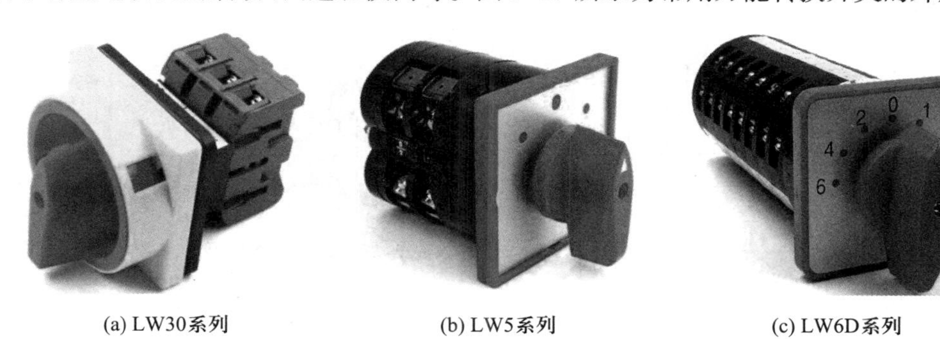

(a) LW30系列　　(b) LW5系列　　(c) LW6D系列

图3–19　常用万能转换开关的外形图

二、电气图形符号

万能转换开关的电气图形符号如图 3–20（a）所示，图中—○ ○—代表一路触头，竖的虚线表示手柄位置，当手柄置于某一个位置上时，处于接通状态的触头下方虚线上就标注黑点“●”。触头通断也可以用图 3–20（b）所示的触头分合表来表示，表中，× 表示触头闭合，空白表示触头分断，与电气图形符号相对应。

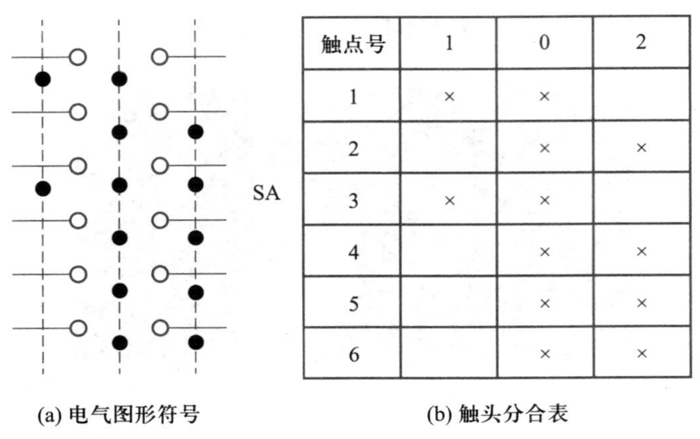

触点号	1	0	2
1	×	×	
2		×	×
3	×	×	
4		×	×
5		×	×
6		×	×

(a) 电气图形符号　　(b) 触头分合表

图3-20　万能转换开关的电气图形符号和触头分合表

三、型号与含义

作主令控制用的万能转换开关的型号与含义：

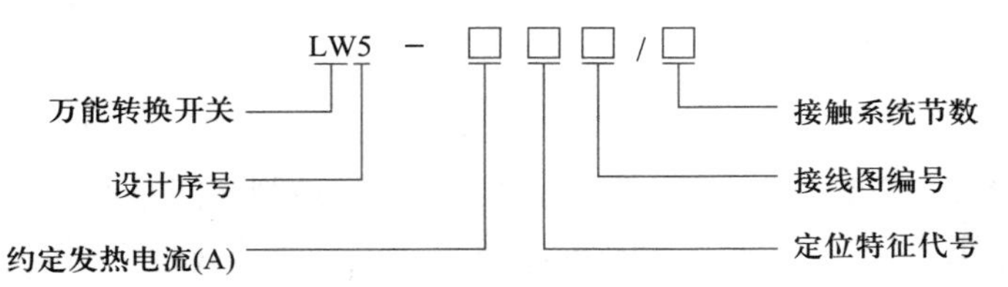

直接控制电动机用的万能转换开关的型号与含义：

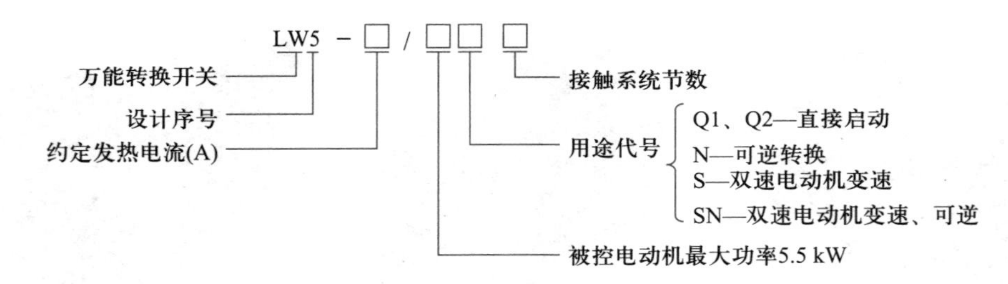

四、分类

1. 按用途分类

LW5 系列万能转换开关按用途可以分为主令控制用和直接控制 5.5 kW 电动机用两种。

2. 按操作方式分类

LW5 系列万能转换开关按操作方式可以分为自复式和定位式两种，所谓自复式就是用手拨动某一挡位后，手松开后，手柄自动返回原位，所谓定位式就是指手柄被置于某挡位后，不能自动返回原位而停在该挡位。

3. 按接触系统节数分类

按接触系统节数可分为 1 ～ 16 节，共 16 种。

任务 3-2　拆解万能转换开关（以 LW6D-3 万能转换开关为例）

步骤 1：拆卸操作手柄

用十字螺丝刀逆时针旋转拆下万能转换开关手柄上的螺钉，如图 3-21 所示。

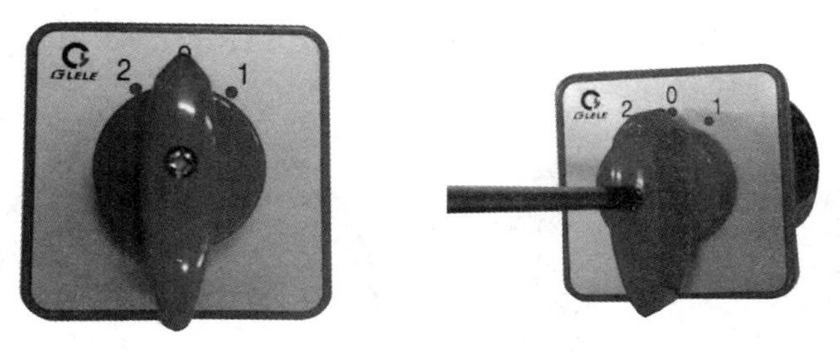

图3-21　拆下操作手柄

步骤 2：拆解接触系统

用一字螺丝刀逆时针旋转拆下固定接触系统的螺钉，露出内部触点，如图 3-22 所示。万能转换开关的整体实物分解图如图 3-23 所示。

图3-22　拆解接触系统

图3-23　万能转换开关的整体实物分解图

任务 3-3　探究万能转换开关的工作原理

万能转换开关用于不频繁接通与断开的电路，实现换接电源和负载，是一种多挡式、控制多回路的主令电器，主要由操作机构、定位机构、触点、接触系统、转轴和手柄等部件组成，如图 3-23 所示。

下面以 LW6D-3 万能转换开关为例分析万能转换开关的工作原理。图 3-24 所示为 LW6D-3 万能转换开关的实物图和结构剖视图，触点在绝缘基座内，为双断点桥式触头，动触点设计成自动调整式以保证通断时的同步性，静触点装在触点座内。使用时，手柄带动转轴和凸轮一起旋转，凸轮推动触头接通或断开，当手柄处于不同的操作位置时，触头的分合情况也不同，从而达到转换电路的目的。LW6D-3 万能转换开关的触头分合表见表 3-9。

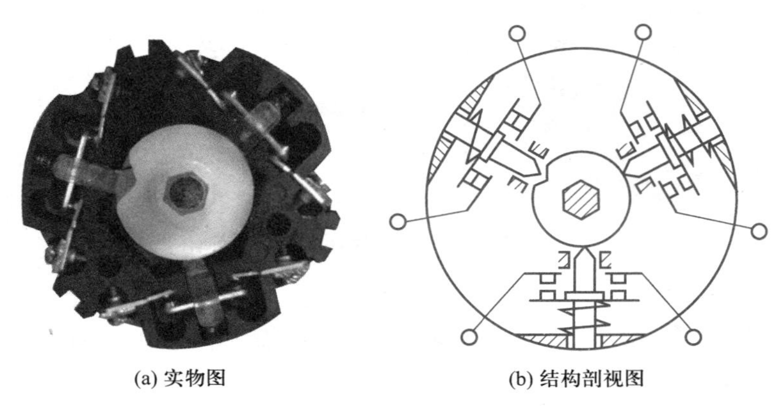

(a) 实物图　　(b) 结构剖视图

图3-24　LW6D-3万能转换开关

表3-9　LW6D-3万能转换开关的触头分合表

触头	手柄操作位置		
	1	0	2
1-2			×
3-4	×		
5-6			×
7-8	×		
9-10			×
11-12	×		
13-14			×
15-16	×		
17-18			×

任务 3-4　万能转换开关的主要技术参数

万能转换开关的主要参数是型号、额定电流、额定电压、电气寿命、接通和分断能力及接触头座数等，一般在产品的说明书中都会有详细说明。LW6D 系列万能转换开关的主要技术参数见表 3-10。

表3-10　LW6D系列万能转换开关的主要技术参数

型号	额定电压 /V	额定电流 /A	结构特点	接触头座数	
				触头座数	触头对数
LW6D-1	AC380 DC220	5	定位式	1	3
LW6D-2				2	6
LW6D-3				3	9
LW6D-4				4	12
LW6D-5				5	15
LW6D-6				6	18
LW6D-8				8	24
LW6D-10				10	30

任务 3-5　万能转换开关的选用及使用注意事项

一、选用

万能转换开关主要根据用途、接线方式、所需触头挡数和额定电流来选择。

例如：LW5D 系列万能转换开关，适用于交流 50 Hz，AC500 V 以下，DC440 V 以下电路中转换电气控制线路（电磁线圈、电气测量仪表和伺服电动机等），也可直接控制 5.5 kW 三相笼型异步电动机（启动、变速、可逆转换等）。而 LW6D 系列万能转换开关只能控制 2.2 kW 及以下的小容量电动机，适用于交流 50 Hz，AC380 V 以下，DC220 V 以下，电流 5 A 以下的机床电气控制线路中，实现各种控制线路的控制和换接。

二、使用注意事项

（1）万能转换开关的安装位置应与其他电器元件或机床的金属部件有一定间隙。

（2）万能转换开关一般应水平安装在平板上。

（3）万能转换开关的通断能力不高，用来控制电动机时，LW5D 系列只能控制 5.5 kW 以下的小容量电动机；用于控制电动机的正反转则只能在电动机停止后才能反向启动。

（4）万能转换开关本身不带保护，必须与其他电器配合使用。

（5）当万能转换开关有故障时，应切断电路检查相关部件。

任务 3-6　万能转换开关的拆装与检修

一、工具、仪表及器材

1. 器材准备：LW5D、LW6D 等系列按钮，并编号

2. 选择工具仪表：电工常用工具、数字式万用表

二、识别万能转换开关

在指导教师的指导下，识别所给万能转换开关，仔细观察各种不同型号、规格的万能转换开关，熟悉它们的外形、型号。将型号与规格、含义记录在表 3–11 中。

表3–11　识别万能转换开关

序号	名称	型号与规格	型号含义
1			
2			
3			

三、识读使用手册（说明书）

根据所给万能转换开关的使用手册，熟悉万能转换开关主要技术参数的意义，进一步了解万能转换开关的结构、工作原理和安装使用方法。

四、万能转换开关的拆解

步骤 1：用十字螺丝刀逆时针旋转拆下万能转换开关手柄上的螺钉。
步骤 2：用一字螺丝刀逆时针旋转拆下固定接触系统的螺钉，露出内部触点。
步骤 3：仔细观察它的结构和动作过程，指出主要零部件的名称，理解工作原理。

五、检修

（1）检查万能转换开关是否能够正常转动，弹簧有无变形或失效。
（2）检查各对触头的接触情况和各凸轮片的磨损情况，若触头不良应予以修理，若凸轮片磨损严重应予以更换。

六、组装

根据相应的操作步骤，组装 LW6D 万能转换开关。

七、万能转换开关的检测

组装完毕后转动手柄，检查转动是否灵活可靠，并用万用表电阻挡依次测量手柄置于不同位置时各对触头的阻值，如图 3–25 所示。测出来的各对触头阻值填入表 3–12 中，根据阻值结果判断触头的通断，做出触头分合表，并与使用手册上的触头分合表作对比，判断触头的工作情况是否正常。

注：一般测量的阻值约为 0 Ω，则表示触头是接通状态；若测量的阻值是无穷大，则表示触头是分断状态。

表3-12　万能转换开关触头的检测

触头	手柄操作位置		
	1 位置（阻值）	0 位置（阻值）	2 位置（阻值）
1-2			
3-4			
5-6			
7-8			
9-10			
11-12			
13-14			
15-16			
17-18			

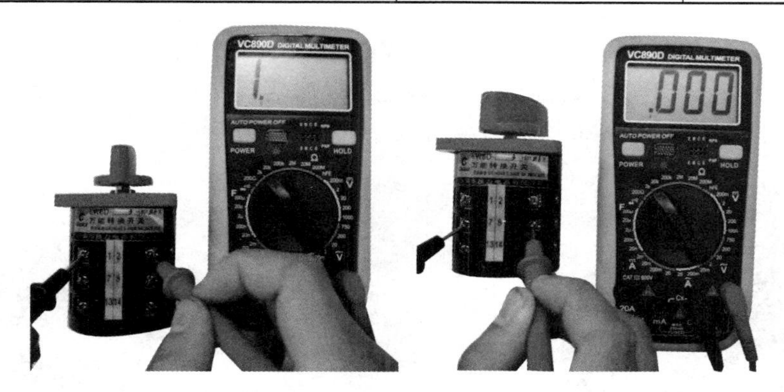

图3-25　依次测量手柄置于不同位置时各触头的通断情况

八、评分标准（见表 3-13）

表 3-13　评 分 标 准

项目内容	配分	评分标准	扣分
识别万能转换开关	40	（1）写错或漏写型号每只扣 5 分 （2）相关参数错误每项扣 5 分 （3）类型、使用场合错误酌情扣分	
万能转换开关的拆装、检修与检测	60	（1）拆装方法不正确或不会拆装扣 20 分 （2）损坏、丢失或漏装零件每件扣 10 分 （3）未进行检修或检修方法不正确扣 10 分 （4）检测方法或结果不正确扣 10 分	

续表

<table>
<tr><th>项目内容</th><th>配分</th><th colspan="3">评分标准</th><th>扣分</th></tr>
<tr><td>安全文明生产</td><td colspan="4">违反安全文明生产规程 扣 5 ～ 40 分</td><td></td></tr>
<tr><td>定额时间</td><td colspan="4">60 min，每超过 5 min（不足 5 min，以 5 min 计）扣 5 分</td><td></td></tr>
<tr><td>备注</td><td colspan="3">除定额时间外，各项目的最高扣分不应该超过配分数</td><td>成绩</td><td></td></tr>
<tr><td>开始时间</td><td></td><td>结束时间</td><td></td><td>实际时间</td><td></td></tr>
</table>

* 任务四　认识主令控制器

任务 4-1　初识主令控制器

一、外形

主令控制器，又称主令开关，主要用于电力拖动系统中，按一定顺序分合触头，达到发布命令或控制线路联锁、转换等目的。适用于频繁对电路进行接通和分断的场合，常配合磁力启动器和接触器对绕线转子异步电动机的启动、制动、调速及换向实行远距离控制，广泛用于各类起重机械的电动机控制线路中。图 3-26 所示为常用主令控制器的外形图。

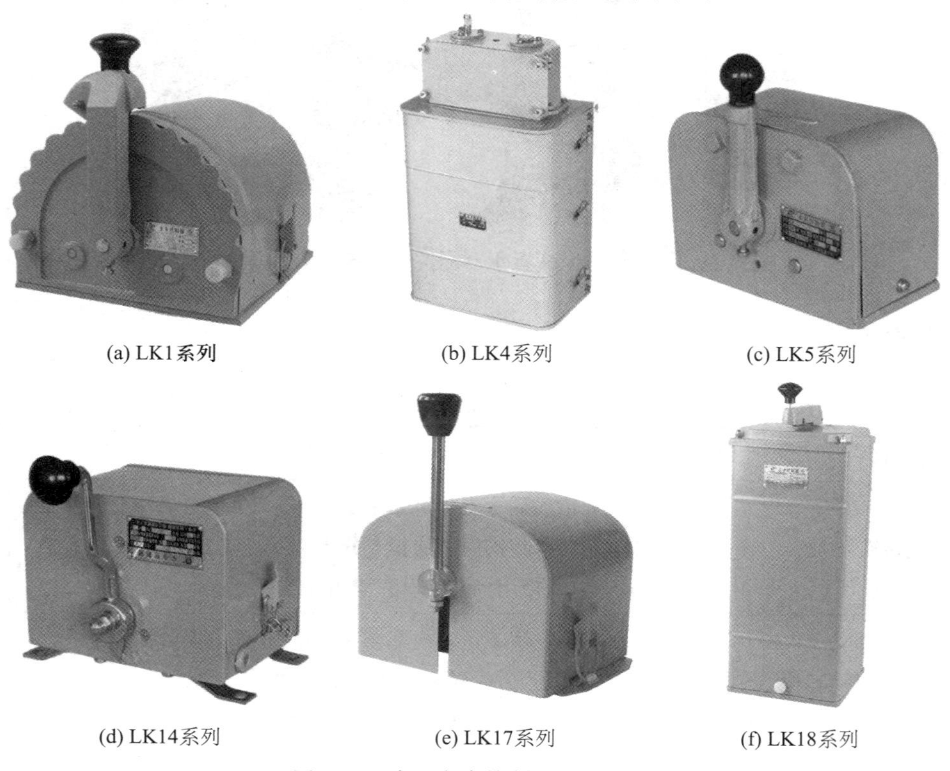

(a) LK1系列　(b) LK4系列　(c) LK5系列

(d) LK14系列　(e) LK17系列　(f) LK18系列

图3-26　常用主令控制器的外形图

二、电气符号

LK1–12/90 型主令控制器的电气图形符号如图 3–27 所示。

图中手柄可操作上升下降和零位共 13 个位置，S1 ～ S12 表示 12 对触头，当手柄在某一位置上时，处于接通状态的触头下方虚线上就标注黑点“•”。例如，当手柄处于 0 位置时，只有触头 S1 处于接通状态，其余触头则处于分断状态；当手柄处于上升 1 位置时，触头 S3、S4、S6、S7 处于接通状态，其余触头处于分断状态。

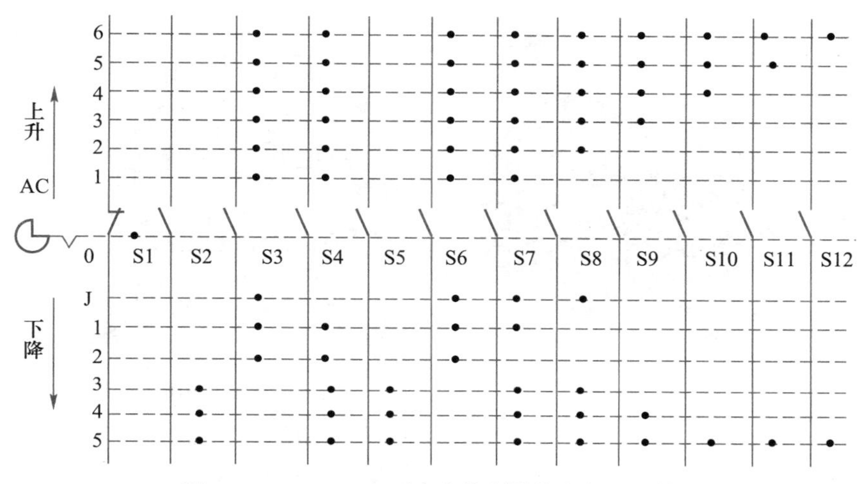

图3–27　LK1–12/90型主令控制器的电气图形符号

三、型号与含义

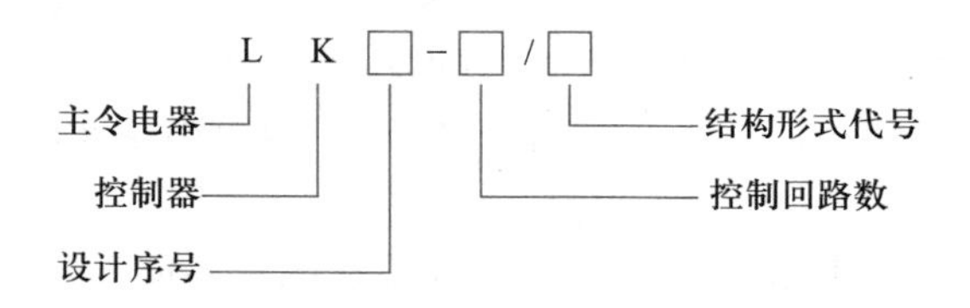

四、分类

主令控制器按结构形式分为凸轮调整式和凸轮非调整式两种。所谓非调整式主令控制器是指其触头系统的分合顺序只能按指定的触头分合表要求进行，在使用中用户不能自行调整，若需调整用户必须更换凸轮片。调整式主令控制器是指其触头系统的分合程序可随时按控制系统的要求进行编制及调整，调整时不必更换凸轮片。

生产上常用的主令控制器有 LK1、LK4、LK5、LK14、LK17 和 LK18 等系列，其中 LK1、LK5、LK14、LK17、LK18 系列属于非调整式主令控制器，LK4 系列属于调整式主令控制器。

任务 4-2　探究主令控制器的工作原理

主令控制器的动作原理与万能转换开关类似，都是靠凸轮来控制触头系统的接通和分断。但与万能转换开关相比，它的触点容量大些，操纵挡位也较多。

下面以 LK1-12/90 主令控制器为例分析它的工作原理。图 3-28 所示为 LK1-12/90 主令控制器的实物图和结构剖视图，主要由基座、转动轴、动触头、静触头、凸轮鼓、操作手柄、面板支架及外护罩组成。

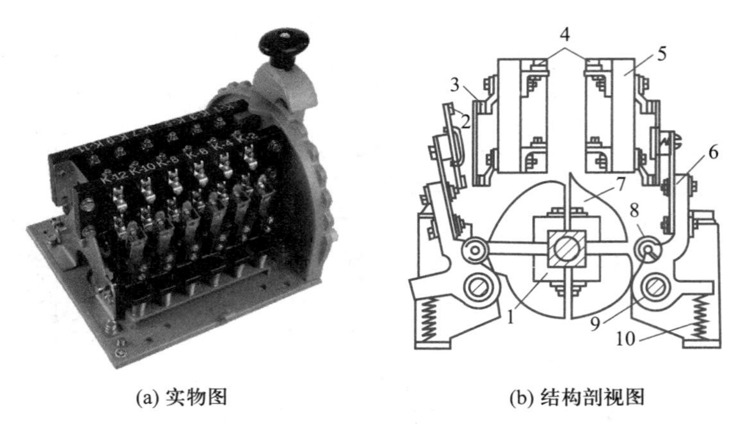

(a) 实物图　　(b) 结构剖视图

图3-28　LK1-12/90主令控制器

1—方形转轴　2—动触头　3—静触头　4—接线柱　5—绝缘板

6—支架　7—凸轮块　8—小轮　9—转动轴　10—复位弹簧

主令控制器所有的静触头都安装在绝缘板 5 上，动触头固定在能绕转动轴 9 转动的支架 6 上，凸轮鼓由多个凸轮块 7 嵌装而成，凸轮块根据触头系统的开闭顺序制成不同角度的凸出轮缘，每个凸轮块控制两对触头。当转动手柄时，方形转轴带动凸轮块转动，凸轮块的凸出部分压动小轮 8，使动触头 2 离开静触头 3，分断电路；当转动手柄使小轮 8 位于凸轮块 7 的凹处时，在复位弹簧的作用下使动静触头闭合，接通电路。

可见触头的闭合和分断顺序是由凸轮块的形状决定的。不同形状凸轮的组合可使触头按一定顺序动作，当手柄处于不同的操作位置时，触头的分合情况也不同，从而达到转换电路的目的。

LK1-12/90 主令控制器的触头分合表见表 3-14。

表3-14　LK1-12/90主令控制器的触头分合表

触头	下降						零位	上升					
	5	4	3	2	1	J	0	1	2	3	4	5	6
S1							×						
S2	×	×	×										
S3				×	×	×		×	×	×	×	×	×
S4	×	×	×	×	×			×	×	×	×	×	×

续表

触头	下降						零位	上升					
	5	4	3	2	1	J	0	1	2	3	4	5	6
S5	×	×	×										
S6				×	×	×		×	×	×	×	×	×
S7	×	×	×		×	×		×	×	×	×	×	×
S8	×	×	×			×			×	×	×	×	×
S9	×	×								×	×	×	×
S10	×										×	×	×
S11	×											×	×
S12	×												×

任务 4–3　主令控制器的主要技术参数

LK1 和 LK14 系列主令控制器的主要技术参数见表 3–15。

表3–15　LK1和LK14系列主令控制器的主要技术参数

型号	额定电压 /V	额定电流 /A	电路数	接通与分断能力 /A	
				接通	分断
LK1–12/90	AC380 DC220	15	12	100	12
LK1–12/96				100	12
LK1–12/97				100	12
LK14–12/90				100	12
LK14–12/96				100	12
LK14–12/97				100	12

任务 4–4　主令控制器的选用及注意事项

一、选用

主令控制器主要根据使用环境、所需控制的回路数、触头闭合顺序等进行选择。

二、使用注意事项

（1）安装前应操作手柄不少于 5 次，检查动、静触头接触是否良好，有无卡阻现象，触头的分合顺序是否符合分合表的要求。

（2）主令控制器投入运行前，应使用 500 ~ 1000 V 的兆欧表测量其绝缘电阻，一般应大于 0.5 MΩ，同时根据接线图检查接线是否正确。

（3）主令控制器外壳上的接地螺栓应可靠接地。

（4）应注意定期清除控制器内的灰尘。

（5）主令控制器不使用时，手柄应停在零位。

任务 4–5　主令控制器的识别与检修

一、工具、仪表及器材

1. 器材准备：LK1–12/90 主令控制器一只
2. 选择工具仪表：电工常用工具、数字式万用表、兆欧表

二、识别主令控制器

在指导教师的指导下，识别所给主令控制器，仔细观察，熟悉它的外形、型号。将名称、型号与规格、含义填入表 3–16 中。

表3–16　识别主令控制器

名称	型号与规格	型号含义

三、识读使用手册（说明书）

根据所给主令控制器的使用手册，熟悉主令控制器主要技术参数的意义，进一步了解主令控制器的结构、工作原理和安装使用方法。

四、主令控制器的检测

步骤 1：打开外壳，仔细观察主令控制器内部结构，指出动、静触头位置以及对应的触头接线柱，如图 3–29（a）所示。

步骤 2：用兆欧表测量各对触头的对地绝缘电阻，如图 3–29（b）所示，测得各对触头的绝缘电阻填入表 3–17 中，其值一般应大于 0.5 MΩ。

步骤 3：用万用表电阻挡依次测量手柄置于不同位置时各对触头的阻值，如图 3–29（c）、（d），将测量的阻值填入表 3–17 中。

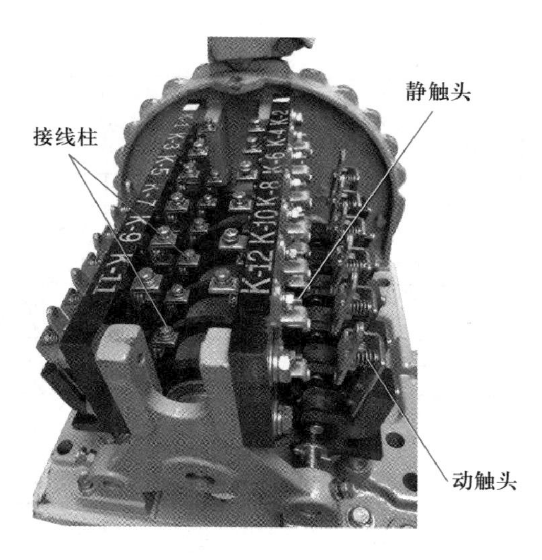

(a) 主令控制器动、静触头和接线柱位置

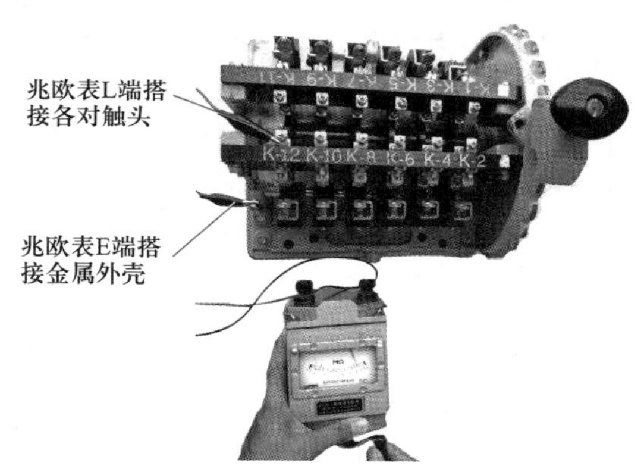

(b) 依次测量各对触头的对地绝缘电阻

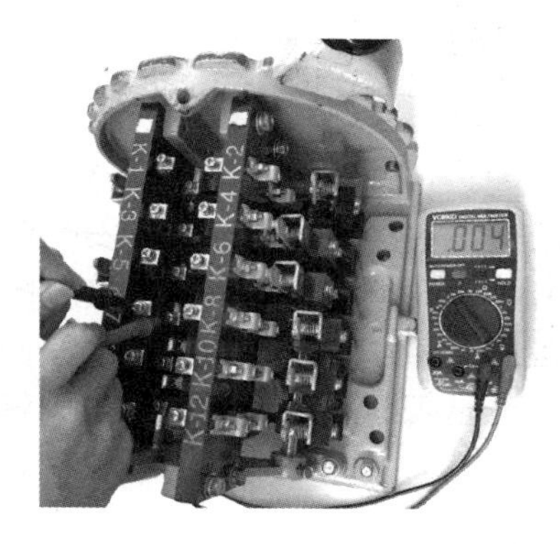

(c) 触头阻值检测1

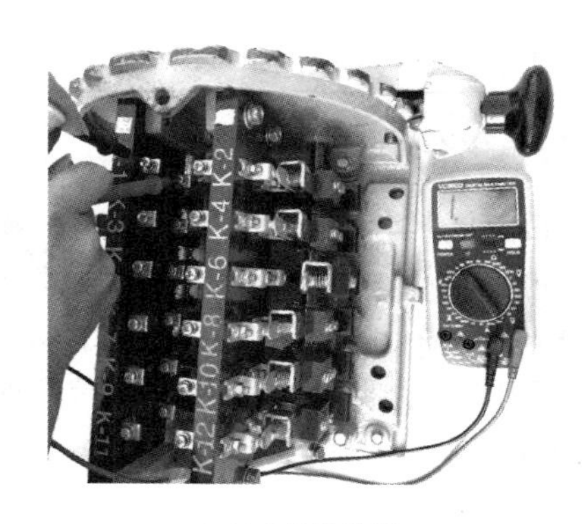

(d) 触头阻值检测2

图3-29　主令控制器的检测

步骤 4：根据阻值结果判断触头的通断，列出触头分合表，并与使用手册上的触头分合表作对比，判断触头的工作情况是否正常。

表3-17　主令控制器触头的检测

触头	绝缘电阻 / MΩ	下降（阻值）						零位（阻值）	上升（阻值）					
		5	4	3	2	1	J	0	1	2	3	4	5	6
S1														
S2														
S3														
S4														

续表

触头	绝缘电阻 / MΩ	下降（阻值）						零位（阻值）	上升（阻值）					
		5	4	3	2	1	J	0	1	2	3	4	5	6
S5														
S6														
S7														
S8														
S9														
S10														
S11														
S12														

五、主令控制器的检修

仔细检查各对触头的接触情况和各凸轮片的磨损情况，若触头接触不良应予以修理或更换，图 3–30 所示为 LK1 系列主令控制器的触头总成。若凸轮片磨损严重或损坏也应予以更换。

检修完毕后，合上外壳，转动手柄，检查转动是否灵活可靠，并再次根据图 3–29 的检测步骤用万用表依次测量手柄置于不同位置时各触头的通断情况，看是否与使用手册上给定的触头分合表相符。

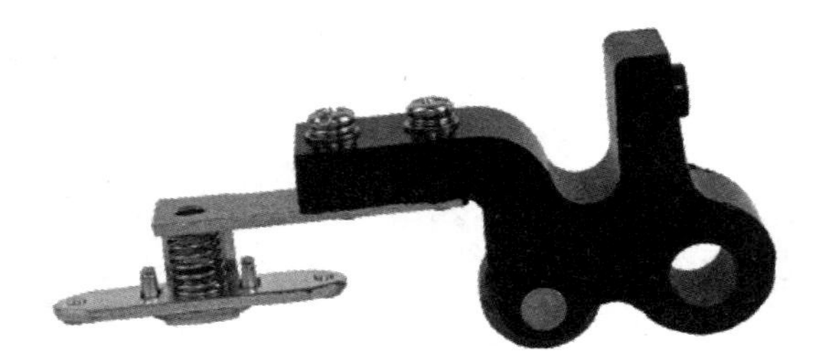

图3–30　LK1系列主令控制器的触头总成

六、评分标准（见表 3–18）

表 3–18　评 分 标 准

项目内容	配分	评分标准	扣分
主令控制器的识别	20	（1）写错或漏写名称扣 5 分 （2）写错或漏写型号扣 5 分 （3）不能辨别触头和接线端子扣 10 分	

续表

<table>
<tr><th>项目内容</th><th>配分</th><th colspan="4">评分标准</th><th>扣分</th></tr>
<tr><td>主令控制器的检测与检修</td><td>80</td><td colspan="4">（1）仪表使用方法错误扣 20 分
（2）测量结果有误每次扣 10 分
（3）触头分合表有误每错一处扣 5 分
（4）修整或更换触头错误扣 10 分
（5）检查更换凸轮片错误扣 10 分
（6）不会检测扣 40 分</td><td></td></tr>
<tr><td>安全文明生产</td><td colspan="5">违反安全文明生产规程 扣 5 ～ 40 分</td><td></td></tr>
<tr><td>定额时间</td><td colspan="5">60 min，每超过 5 min（不足 5 min，以 5 min 计）扣 5 分</td><td></td></tr>
<tr><td>备注</td><td colspan="4">除定额时间外，各项目的最高扣分不应该超过配分数</td><td>成绩</td><td></td></tr>
<tr><td>开始时间</td><td colspan="2"></td><td>结束时间</td><td></td><td>实际时间</td><td></td></tr>
</table>

* 任务五　认识凸轮控制器

任务 5-1　初识凸轮控制器

一、外形

凸轮控制器是一种手动操作，利用凸轮的转动来完成触头接通和分断的大型控制电器。凸轮控制器的品种很多，图 3-31 所示为常用凸轮控制器的外形图。

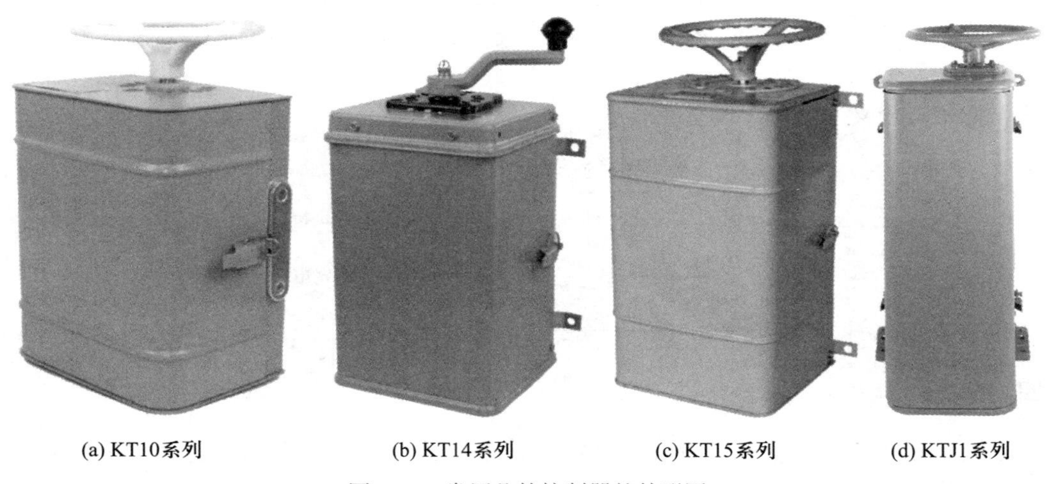

(a) KT10系列　(b) KT14系列　(c) KT15系列　(d) KTJ1系列

图3-31　常用凸轮控制器的外形图

二、电气符号

KTJ1 系列凸轮控制器在电路图中的触头符号和触头分合表如图 3-32 所示，其中，上面两行表示手轮的 11 个位置，左侧表示凸轮控制器的 12 对触头。各触头在手轮处于某一位置时的通断状态用某些符号标记，符号“×”表示对应触头在手轮处于此位置时是接通的，无此符号表示触头是断开的。

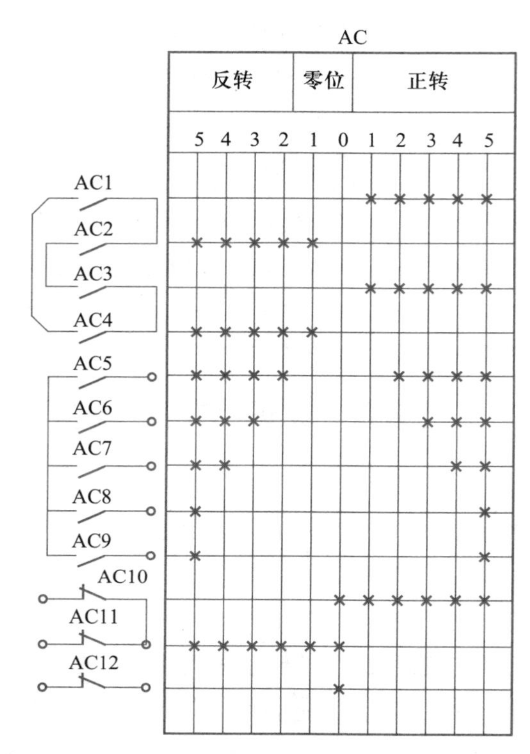

图3-32　KTJ1系列凸轮控制器触头符号和触头分合表

三、型号与含义

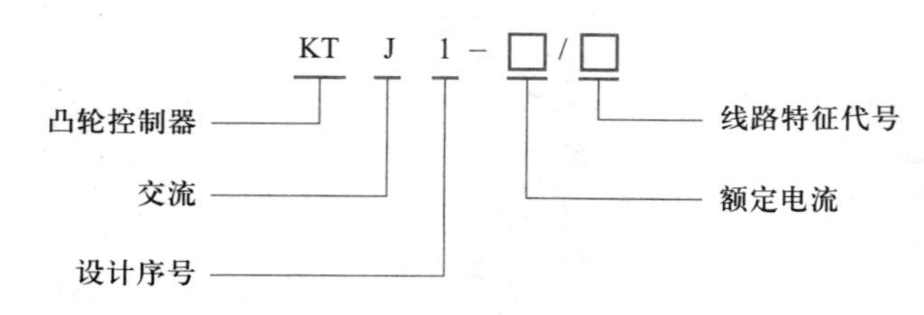

四、分类

凸轮控制器在桥式起重机等设备中有着广泛的应用，用来控制起重机等运输机械的电动机启动、调速、换向及制动。它的种类很多，除了图 3-31 所示 KT10 系列、KTJ1 系列等常见的产品外，还有相关的衍生种类，如 QT2B 系列和 QT18 系列联动控制台，如图 3-33 所示，它集成了凸轮控制器、操纵杆、座椅和带有按钮及指示灯的控制台，在大型的起重设备中应用广泛。

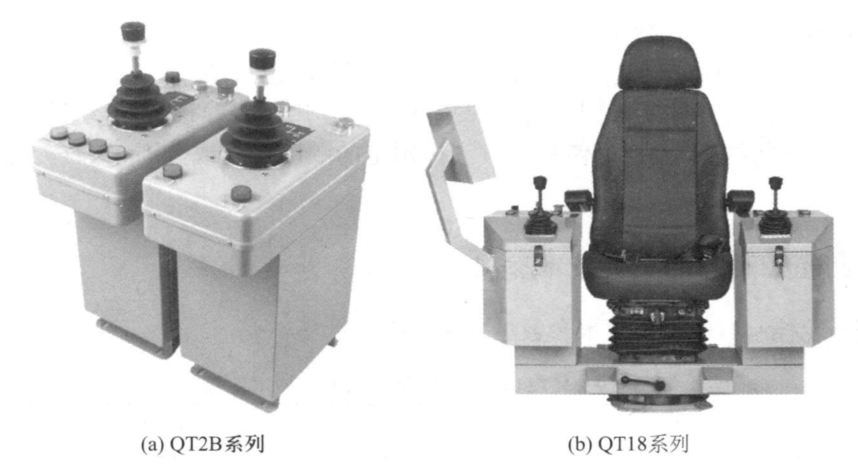

(a) QT2B系列　　(b) QT18系列

图3-33　联动控制台

任务 5-2　探究凸轮控制器的工作原理

凸轮控制器的动作原理与主令控制器类似,都是靠凸轮来控制触头系统的接通和分断。但与主令控制器相比,它的触头额定电流大,主要用在电力拖动线路的主电路上,用来直接控制电动机的启动、调速和换向等。

下面以 KTJ1 型凸轮控制器为例分析它的工作原理。图 3-34 所示为 KTJ1 型凸轮控制器的实物图和结构剖视图。凸轮控制器从外部看,由机械、电气和防护三部分结构组成。其中,手轮(手柄)、转轴、凸轮、弹簧、滚轮为机械结构;触头、接线柱和绝缘板等为电气结构;而上下盖板、外罩及灭弧罩等为防护结构。

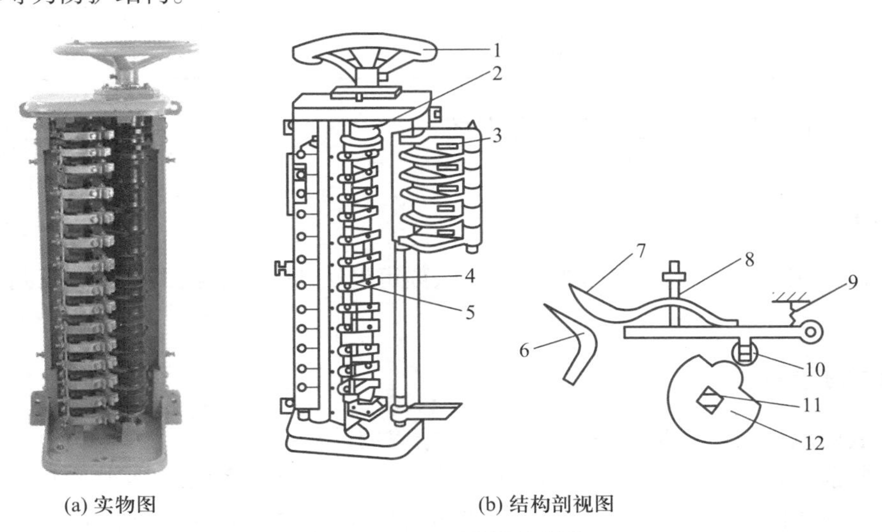

(a) 实物图　　(b) 结构剖视图

图3-34　KTJ1型凸轮控制器

1—手轮　2, 11—转轴　3—灭弧罩　4, 7—动触头

5, 6—静触头　8—触头弹簧　9—弹簧　10—滚轮　12—凸轮

KTJ1 型凸轮控制器的动触头 7 和凸轮 12 固定在转轴 11 上，每个凸轮控制一个触头。当转动手轮 1 时，凸轮 12 随轴 11 转动，当凸轮的凸起部分顶住滚轮 10 时，动触头 7 和静触头 6 分开；当凸轮的凹处与滚轮相碰时，动触头受到触头弹簧 8 的作用压在静触头上，动、静触头闭合。在转轴上叠装不同形状的凸轮片，可使各个触头按预定的顺序接通或分断，从而实现不同的控制要求。

任务 5–3　凸轮控制器的主要技术参数

KTJ1 型凸轮控制器的主要技术参数见表 3–19。

表3–19　KTJ1型凸轮控制器的主要技术参数

型号	位置数		额定电流 /A		额定功率 /kW		关合次数 /（次 /h）
	向前（上升）	向后（下降）	长期工作制	通电持续率在 40% 以下的工作制	220 V	380 V	
KTJ1–50/1	5	5	50	75	16	16	≤ 600
KTJ1–50/2	5	5	50	75	※	※	
KTJ1–50/3	1	1	50	75	11	11	
KTJ1–50/4	5	5	50	75	11	11	
KTJ1–50/5	5	5	50	75	2 × 11	2 × 11	
KTJ1–50/6	5	5	50	75	11	11	
KTJ1–80/1	6	6	80	120	22	30	
KTJ1–80/3	6	6	80	120	22	30	

任务 5–4　凸轮控制器的选用及注意事项

一、选用

凸轮控制器主要根据所控制电动机的容量、额定电压、额定电流、工作制和控制位置数目等进行选择。

二、使用注意事项

（1）安装前应检查外壳及零件有无损坏、并清除内部灰尘。

（2）安装前应检查操作凸轮控制器手轮不少于 5 次，检查有无机械卡阻现象。

（3）检查触头的分合顺序是否符合给定的分合表要求，每一对触头是否动作可靠。

（4）凸轮控制器安装必须牢固可靠，金属外壳必须与接地线可靠连接。投入运行前，应使用 500~1000 V 的兆欧表测量其绝缘电阻，一般应大于 0.5 MΩ。

（5）应按触头分合表或电路图要求接线，所有导线由基座下端两接线孔引出，经反复检查确认无误后才能通电。

（6）安装结束后应进行空载试验。启动操作时，手轮不能转动太快，应逐级启动，防止电动机的启动电流过大。

（7）凸轮控制器不使用时，手轮应停在零位。

（8）凸轮控制器应当按要求经常检修维护，所有螺钉连接部分必须紧固，特别是触头接线螺钉，摩擦部分应经常保持一定的润滑，损坏的零件要及时更换。

任务 5–5　凸轮控制器的识别与检修

一、工具、仪表及器材

1. 器材准备：KTJ1 型凸轮控制器一只
2. 选择工具仪表：电工常用工具、数字式万用表、兆欧表

二、识别凸轮控制器

在指导教师的指导下，识别所给凸轮控制器，仔细观察，熟悉它的外形、型号。将名称、型号与规格、型号含义填入表 3–20 中。

表3–20　识别凸轮控制器

名称	型号与规格	型号含义

三、识读使用手册（说明书）

根据所给凸轮控制器的使用手册，熟悉凸轮控制器主要技术参数的意义，进一步了解凸轮控制器的结构、工作原理和安装使用方法。

四、凸轮控制器的检测

步骤 1：打开外壳，仔细观察凸轮控制器内部结构，指出动、静触头位置以及对应的触头接线端子，如图 3–35（a）所示

步骤 2：用兆欧表测量各触头的对地绝缘电阻，测量方法参考任务四主令控制器相应检测步骤，测得各对触头的绝缘电阻填入表 3–21 中，其值一般应大于 0.5 MΩ。

步骤 3：用万用表电阻挡依次测量手轮置于不同位置时各对触头的阻值，如图 3–35（b）、（c）所示，测出来的各对触头阻值填入表 3–21 中。

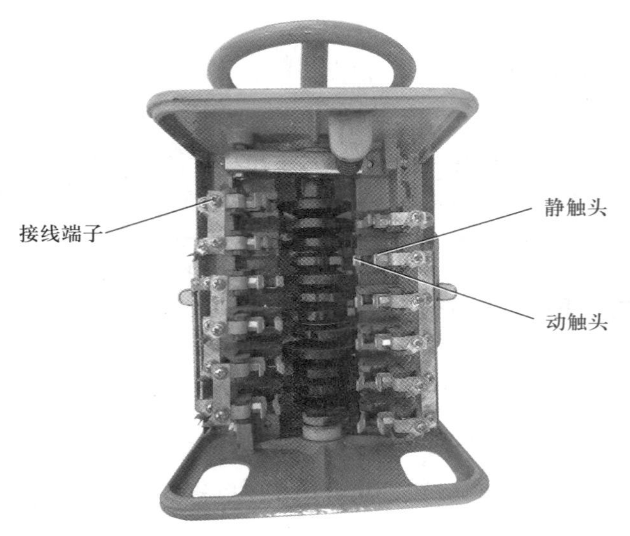

(a) 凸轮控制器动、静触头和接线端子位置

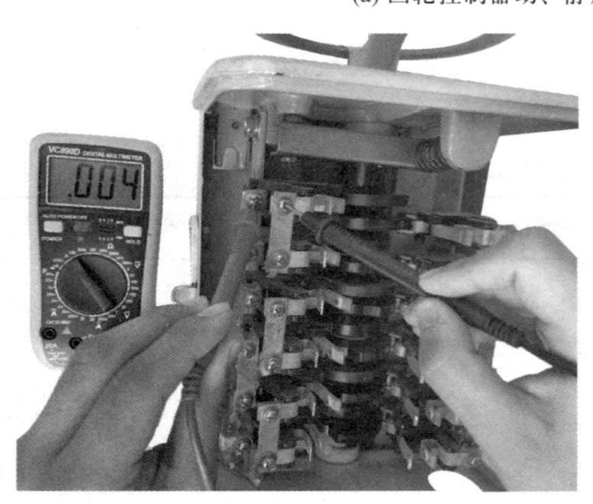

(b) 触头阻值检测1

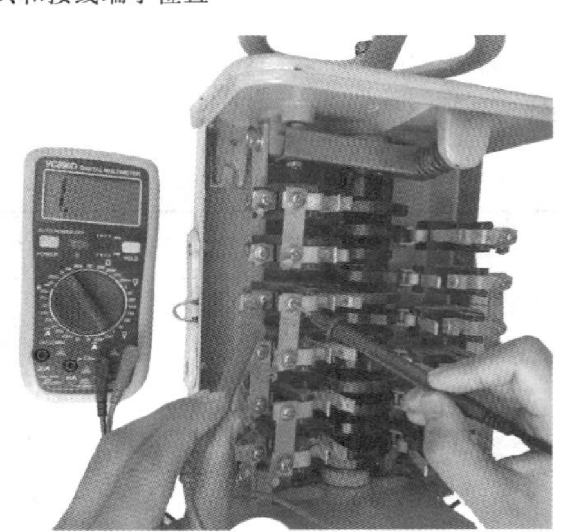

(c) 触头阻值检测2

图3-35　凸轮控制器的检测

步骤4：根据阻值结果判断触头的通断，做出触头分合表，并与使用手册上的触头分合表作对比，判断触头的工作情况是否正常。

表3-21　凸轮控制器触头的检测

触头	绝缘电阻 / MΩ	下降（阻值）					零位（阻值）	上升（阻值）				
		5	4	3	2	1	0	1	2	3	4	5
AC1												
AC2												
AC3												

续表

触头	绝缘电阻/MΩ	下降（阻值）					零位（阻值）	上升（阻值）				
		5	4	3	2	1	0	1	2	3	4	5
AC4												
AC5												
AC6												
AC7												
AC8												
AC9												
AC10												
AC11												
AC12												

五、凸轮控制器的检修

检查各对触头的接触情况和各凸轮片的磨损情况，若触头接触不良应予以修理或更换。

检修完毕后，合上外壳，转动手柄，检查转动是否灵活可靠，并再次根据图3-35步骤用万用表依次测量手柄置于不同位置时各触头的通断情况，看是否与使用手册上给定的触头分合表相符。

六、评分标准（见表3-22）

表3-22 评分标准

项目内容	配分	评分标准	扣分
凸轮控制器的识别	20	（1）写错或漏写名称扣5分 （2）写错或漏写型号扣5分 （3）不能辨别触头和接线端子扣10分	
凸轮控制器的检测与检修	80	（1）仪表使用方法错误扣20分 （2）测量结果有误每次扣10分 （3）触头分合表有误每错一处扣5分 （4）修整或更换触头错误扣10分 （5）检查更换凸轮片错误扣10分 （6）不会检测扣40分	

续表

<table>
<tr><td>项目内容</td><td>配分</td><td colspan="4">评分标准</td><td>扣分</td></tr>
<tr><td>安全文明生产</td><td colspan="5">违反安全文明生产规程 扣 5 ~ 40 分</td><td></td></tr>
<tr><td>定额时间</td><td colspan="5">60 min，每超过 5 min（不足 5 min，以 5 min 计）扣 5 分</td><td></td></tr>
<tr><td>备注</td><td colspan="4">除定额时间外，各项目的最高扣分不应该超过配分数</td><td>成绩</td><td></td></tr>
<tr><td>开始时间</td><td colspan="2"></td><td>结束时间</td><td></td><td>实际时间</td><td></td></tr>
</table>

知识拓展——主令电器的应用领域

如图 3–36 所示，商场电梯中有很多按钮，选择按下相应的按钮即可到达我们想要去的楼层，那电梯到达某一楼层后需要精确地停在某个位置，这个又是靠什么去控制实现的呢？实际上，在我们的电梯井中每一层位置都安装有行程开关，用来实现位置控制，让电梯可以准确停在指定楼层。

图 3–37 所示为一台 HTM–80H 卧式数控加工中心，其面板上有各种按钮，用来控制机床的运行，实现工件的加工。在导轨内侧相应位置装有行程开关，工作台下方安装有挡铁，工作台在移动过程中挡铁和行程开关相碰撞，用来实现机床的回零、限位保护控制。

按钮、接近开关、行程开关等电器都属于主令电器。主令电器是用作接通或断开控制电路，以发出指令或用于程序控制的开关电器。简单来说，主令电器是用来对控制电路发出操作指令的开关电器。在实际的生产生活中，还有很多相应的例子，读者可以自行去探究发掘。

(a) 商场电梯外观

(b) 电梯按钮

(c) 电梯内的行程开关

图3-36　商场电梯

(a) 外观

(b) 操作面板

图3-37　HTM-80H卧式加工中心

项目四　低 压 开 关

低压开关一般为非自动切换电器，主要用作电源的隔离、线路的保护与控制。常用的低压开关有低压断路器、负荷开关和组合开关。

学习目标

本项目的主要内容就是认识常用的低压开关，了解其结构和原理，并掌握其拆装及检修的基本方法。具体要求如下：

1. 了解低压开关的规格、基本结构、电气图形符号及工作原理
2. 能识读低压开关产品型号含义
3. 掌握使用电工工具修复低压开关的技术
4. 会根据控制要求正确选择与使用低压开关

任务一　认识低压断路器

任务 1-1　初识低压断路器

低压断路器即低压自动空气开关，又称自动空气断路器。它既能带负荷通断电路，又能在失压、短路和过负荷时自动跳闸，保护线路和电气设备，是低压配电网络和电力拖动系统中常用的重要保护电器之一。

一、外形

低压断路器的种类很多，但它的结构和工作原理基本相同，常用的低压断路器的外形如图 4-1 所示。

二、电气图形符号

低压断路器的电气图形符号如图 4-2 所示。

三、型号与含义

低压断路器的型号与含义如图 4-3 所示。

(a) DZ5系列塑壳式

(b) DZ15系列塑壳式

(c) DZ47系列塑壳式

(d) DW15系列万能式

(e) DW15系列万能式

(f) DW45系列万能式

图4-1　常用低压断路器的外形图

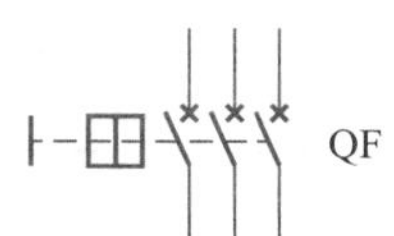

图4-2　低压断路器的电气图形符号

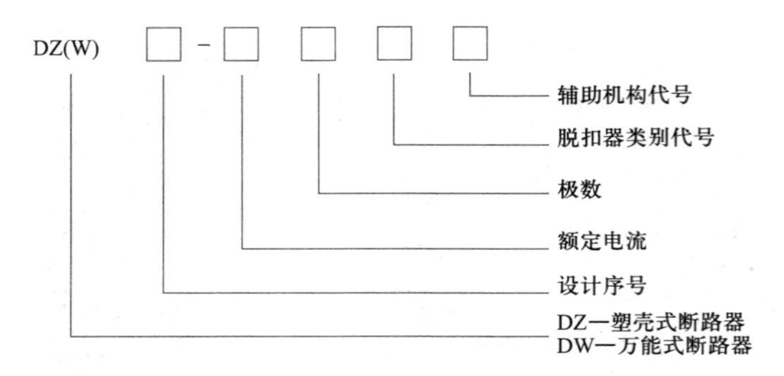

图4-3　低压断路器的型号与含义

四、分类

低压断路器的分类及用途见表 4-1。

表4-1　低压断路器的分类及用途

序号	分类方法	种类	主要用途
1	用途	保护配电电路低压断路器	做电源点开关和各支路开关
		保护电动机低压断路器	可装在近电源端,保护电动机
		保护照明电路低压断路器	用于民用建筑内电气设备和信号二次电路
		漏电保护低压断路器	防止因漏电造成的火灾和人身伤害
2	结构	万能式低压断路器	开断电流大,保护种类齐全
		塑壳式低压断路器	开断电流相对较小,结构简单
3	极数	单极低压断路器	用于照明电路
		两极低压断路器	用于照明回路或直流回路
		三极低压断路器	用于电动机控制保护
		四极低压断路器	用于三相四线制电路控制
4	限流性能	一般型不限流低压断路器	用于一般场合
		快速型限流低压断路器	用于需要限流的场合
5	操作方式	直接手柄操作低压断路器	用于一般场合
		杠杆操作低压断路器	用于大电流分断
		电磁铁操作低压断路器	用于自动化程度较高的电路控制
		电动机操作低压断路器	用于自动化程度较高的电路控制

任务 1-2　拆解低压断路器(以 DZ47-C10 型低压断路器为例)

步骤 1:拔出侧面铆钉,分离断路器壳体,如图 4-4 所示。

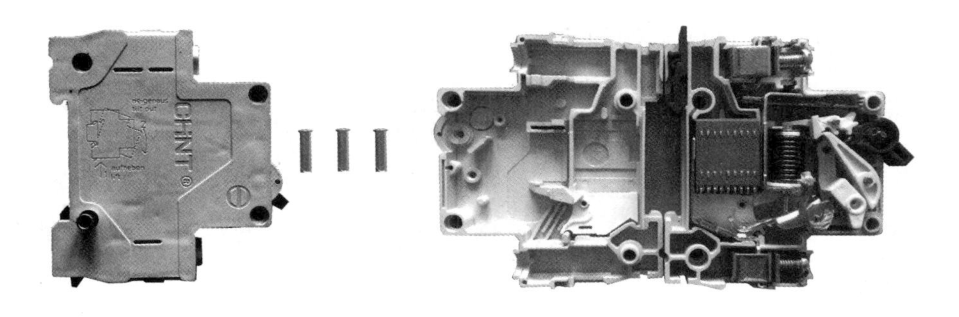

图4-4　断路器壳体分离

步骤 2 :分解内部结构,断路器主要部件包括:过电流脱扣器(双金、电磁系统);灭弧装置(灭弧系统);触头系统;外壳和接线端子;操作机构(手柄、锁扣、跳扣、杠杆),如图 4-5 和图 4-6 所示。

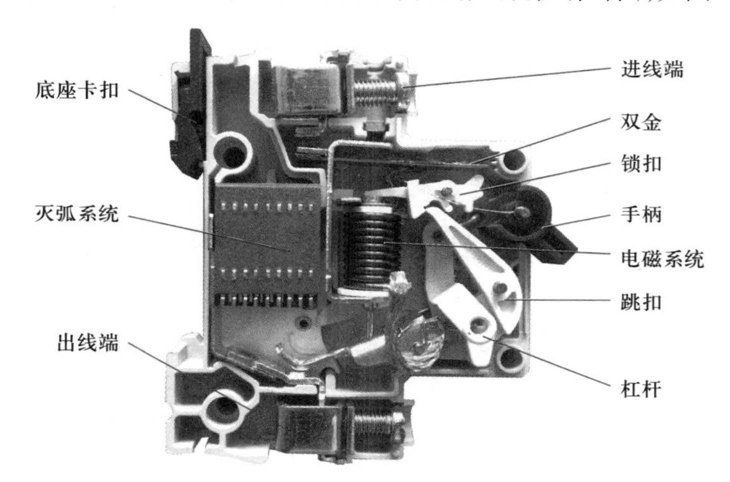

图4-5　DZ47-C10型低压断路器结构及组成

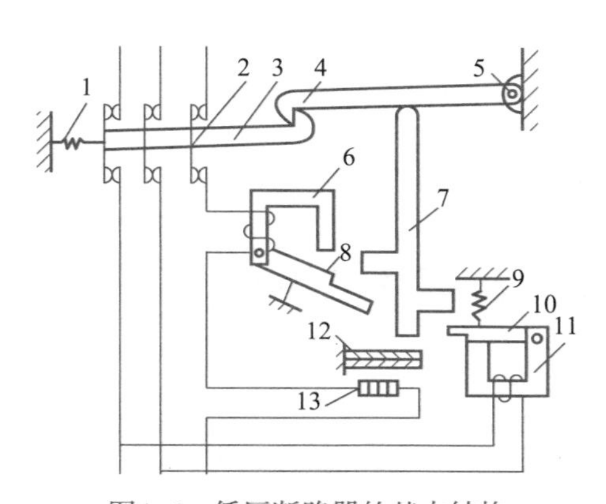

图4-6　低压断路器的基本结构

1,9—弹簧　2—主触头　3—锁键　4—钩子　5—轴　6—电磁脱扣器　7—杠杆　8,10—衔铁　11—欠电压脱扣器　12—热脱扣器双金属片　13—热脱扣器的热元件

任务 1–3　探究低压断路器工作原理

低压断路器的三个触头串联在三相主电路中，电磁脱扣器的线圈及热脱扣器的热元件也与主电路串联，欠电压脱扣器的线圈与主电路并联。

当低压断路器闭合后，三个主触头由锁键钩住钩子，克服弹簧的拉力，保持闭合状态。而当电磁脱扣器吸合或热脱扣器的双金属片受热弯曲或欠电压脱扣器释放，这三者中的任何一个动作发生，就可将杠杆顶起，使钩子和锁键脱开，于是主触头分断电路。

当电路正常工作时，电磁脱扣器的线圈产生的电磁力不能将衔铁吸合，而当电路发生短路，出现很大过电流时，线圈产生的电磁力增大，足以将衔铁吸合；使主触头断开，切断主电路；若电路发生过载，但又达不到电磁脱扣器动作的电流时，而流过热脱扣器的发热元件的过载电流，会使双金属片受热弯曲，顶起杠杆，导致触头分开来断开电路，起到过载保护作用；若电源电压下降较多或失去电压时，欠电压脱扣器的电磁力减小，使衔铁释放，同样导致触头断开而切断电路，从而起到欠电压或失电压保护作用。

任务 1–4　低压断路器的主要技术参数

低压断路器的主要技术参数有额定电压、额定电流、分断能力、分断时间，见表 4–2。

表4–2　低压断路器的主要技术参数

技术参数	解释
额定电压	指低压断路器在电路中长期工作的允许电压
额定电流	包括低压断路器额定电流和低压断路器壳架等级额定电流。 低压断路器额定电流是指脱扣器允许长期通过的电流，也就是脱扣器的额定电流，对于可调式脱扣器则为脱扣器可长期通过的最大电流。 低压断路器壳架等级额定电流是指每一个塑壳或框架所能安装的最大脱扣器的额定电流，在型号中表示的额定电流就是指此电流
分断能力	指在规定的电压、频率及电路参数（交流电路为功率因数，直流电路为时间常数）下，所能分断的短路电流值
分断时间	低压断路器切断故障电流所需的时间。包括固有断开时间和燃弧时间两部分

任务 1–5　低压断路器的选用及使用注意事项

一、选用

（1）低压断路器额定电压不小于线路额定电压。

（2）低压断路器额定电流不小于线路计算负荷电流。

（3）低压断路器欠压脱扣器额定电压等于线路额定电压。

（4）过电流脱扣器的瞬时动作整定电流应大于电路可能出现的最大尖峰电流。

对于单台电动机：$I_z \geqslant KI_q$。式中，K 为安全系数，取 1.5~1.7；I_q 为电动机的启动电流。

对于多台电动机：$I_z \geq K(I_{gmax}+\sum I_N)$。式中，$I_{qmax}$ 为最大一台电动机的启动电流；$\sum I_N$ 为其他电动机的额定电流之和。

（5）低压断路器的断流能力应不小于电路的最大短路电流。

二、使用注意事项

（1）安装前应先检查断路器的规格是否符合使用要求。

（2）安装在低压断路器中的电磁脱扣器的整定电流与使用场合电流不符时，低压断路器应在重新调整后才能使用。

（3）安装在低压断路器中电磁脱扣器上的用于调整牵引杆与双金属片间距的同步调整螺钉不得任意调整，以免造成脱扣器误动作而发生事故。

（4）定期维护低压断路器应在不带电的情况下进行。

（5）在低压断路器断开短路电流后，应立即进行检查，查看其螺钉是否拧紧；灭弧室的栅片是否有短路；电磁脱扣器的衔铁是否可靠支撑在铁心上。

（6）低压断路器因过载脱扣后，经 1~3 min 冷却后，可重新合闸工作。

（7）低压断路器因过载而经常脱扣时，消除过载故障后方能正常工作。

任务 1–6　低压断路器的拆装与检修

一、工具、仪表及器材

1. 器材准备：DZ5、DZ47、DW15 等系列低压断路器，并编号
2. 选择工具仪表：电工常用工具、镊子等，数字式万用表

二、识别低压断路器

在指导教师的指导下，识别所给低压断路器，仔细观察各种不同型号、规格的低压断路器，熟悉它们的外形、型号，将型号以及相关参数填入表 4–3 中。

表4–3　各低压断路器型号以及相关参数

序号	型号	类型	额定电流	设计序号	适用场合

三、识读使用手册（说明书）

根据所给低压断路器的使用手册，熟悉低压断路器主要技术参数的意义、结构、工作原理，安装使用方法。

四、拆解低压断路器（以 DZ47–C10 型低压断路器为例）

根据相应的操作步骤，拆解低压断路器，并将相关内容填入表 4–4 中。

表4–4　低压断路器的拆装与检修

<table>
<tr><th colspan="2">型号</th><th>拆解步骤</th><th>检修记录</th><th>组装记录</th></tr>
<tr><td colspan="2"></td><td rowspan="8"></td><td rowspan="8"></td><td rowspan="8"></td></tr>
<tr><td colspan="2">类型</td></tr>
<tr><td colspan="2"></td></tr>
<tr><td colspan="2">额定电流</td></tr>
<tr><td colspan="2"></td></tr>
<tr><td colspan="2">检测断路器质量</td></tr>
<tr><td>测试结果</td><td>判断质量</td></tr>
<tr><td></td><td></td></tr>
</table>

五、检修

按以下项目检修低压断路器，并把检修记录填入表 4–4 中。

（1）低压断路器的过载热元件的容量与过负荷额定值是否相符。

（2）低压断路器的操作手柄和绝缘外壳有无破损现象。

（3）低压断路器内部有无放电响声。

（4）低压断路器的合闸机构润滑是否良好，机件有无破损情况。

六、组装

按以下顺序组装，并将组装记录填入表 4–4 中。

（1）合拢壳体。

（2）插入铆钉。

七、检测

按以下步骤检测低压断路器质量，并将检测结果记录在表 4–4 中。

1. 调试万用表

步骤 1：将数字万用表的黑表笔插入 COM 口，红表笔插入电压、电阻孔，挡位转换开关旋转到电阻 200 Ω 挡，如图 4–7（a）所示。

步骤 2：将红、黑表笔短接在一起，万用表显示电阻值约为 0 Ω，表示此万用表是好的，如图 4–7（b）所示。

2. 检测低压断路器

步骤 1：手动合上低压断路器，将表笔并接在低压断路器的两端子上，并充分接触，若万用表显示数值约为 0 Ω，如图 4–8（a）所示，即表明此低压断路器能接通电路。

步骤 2：再手动断开低压断路器，将表笔并接在低压断路器的两端子上，并充分接触，若万用表显示数值为 1，如图 4–8（b）所示，即表明此低压断路器能断开电路。

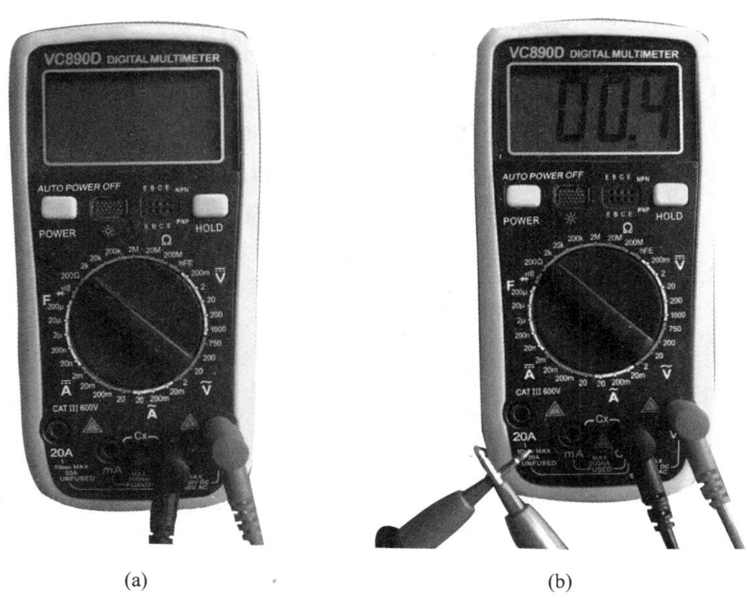

(a)　　　　　　　　(b)

图4–7　调试万用表

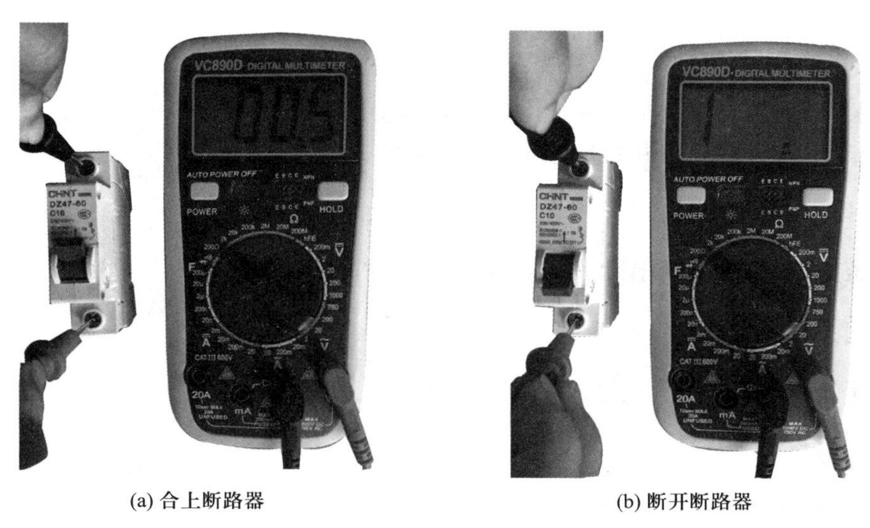

(a) 合上断路器　　　　　　　　(b) 断开断路器

图4–8　检测低压断路器

八、评分标准(见表 4–5)

表4–5　评 分 标 准

项目内容	配分	评分标准	扣分
识别低压断路器	40 分	（1）写错或漏写型号每只扣 5 分 （2）相关参数错误每项扣 5 分 （3）类型、使用场合错误 酌情扣分	

续表

<table>
<tr><td>项目内容</td><td>配分</td><td colspan="4">评分标准</td><td>扣分</td></tr>
<tr><td>低压断路器的拆装、检修和检测</td><td>60 分</td><td colspan="4">（1）拆装方法不正确或不会拆装扣 20 分
（2）损坏、丢失或漏装零件每件扣 10 分
（3）未进行检修或检修方法不正确扣 10 分
（4）检测方法或结果不正确扣 10 分</td><td></td></tr>
<tr><td>安全文明生产</td><td colspan="5">违反安全文明生产规程 扣 5~40 分</td><td></td></tr>
<tr><td>定额时间</td><td colspan="5">30 min，每超过 5 min（不足 5 min，以 5 min 计）扣 5 分</td><td></td></tr>
<tr><td>备注</td><td colspan="4">除定额时间外，各项目的最高扣分不应该超过配分数</td><td>成绩</td><td></td></tr>
<tr><td>开始时间</td><td colspan="2"></td><td>结束时间</td><td></td><td>实际时间</td><td></td></tr>
</table>

任务二　认识低压负荷开关

任务 2–1　初识低压负荷开关

负荷开关又称闸刀开关，是一种结构最简单、应用最广泛的手动电器。在低压电路中，作为不频繁接通和分断电路用，或用来将电路与电源隔离。

一、外形

常用低压负荷开关的外形图如图 4–9 所示。

二、电气图形符号

低压负荷开关的电气图形符号如图 4–10 所示。

三、型号与含义

低压负荷开关的型号与含义如图 4–11 所示。

四、分类

1. 开启式负荷开关

开启式负荷开关又称胶盖瓷底刀开关（俗称闸刀开关），是由刀开关和熔丝组合而成的一种电器。主要适用于交流频率为 50 Hz，额定电压为单相 220 V、三相 380 V，额定电流至 100 A 的电路中的总开关、支路开关以及电灯、电热器等操作开关，作为手动不频繁地接通与分断有负载电器及小容量线路的短路保护负荷开关。开启式负荷开关具有结构简单、价格低廉、使用维修方便等优点，目前已广泛应用于工业、农业、矿山、交通、家庭等各个行业。

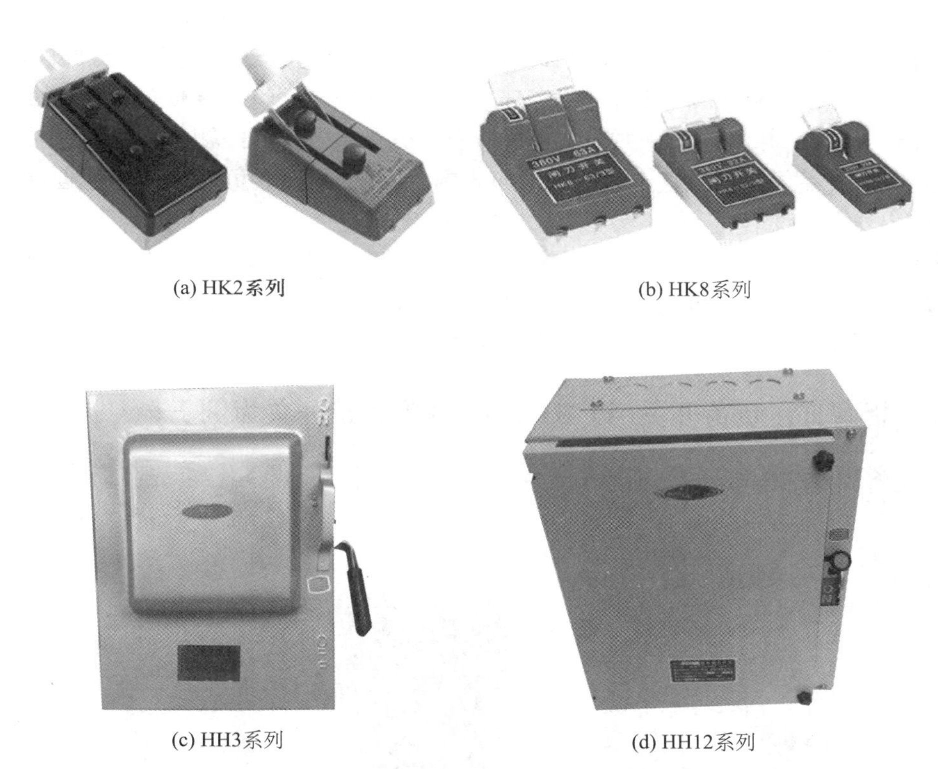

(a) HK2系列　　(b) HK8系列

(c) HH3系列　　(d) HH12系列

图4-9　常用低压负荷开关的外形图

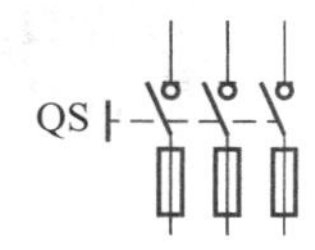

图4-10　低压负荷开关的电气图形符号

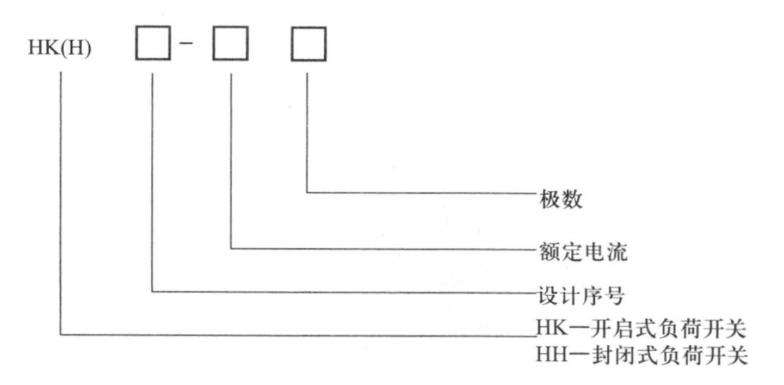

图4-11　低压负荷开关的型号与含义

2. 封闭式负荷开关

封闭式负荷开关又称铁壳开关，因为封闭式负荷开关的早期产品，都带有一个铸铁外壳，因此得名。现在，铸铁外壳早已被结构轻巧的薄钢板冲压外壳所取代，但其习称仍然被沿用着，简称负荷开关，它是由刀开关和熔断器组合而成的一种电器。

由于开启式负荷开关没有灭弧装置，而且触头的断开速度比较慢，以致在分断大电流时，往往会有很大的电弧向外喷出，引起相间短路，甚至灼伤操作人员。如果能够提高触刀的通断速度，在断口处设置灭弧罩，并将整个开关本体装在一个防护壳体内，就可以极大地改善开关的通断性能。封闭式负荷开关便是根据这个思路设计出来的。因此，封闭式负荷开关具有通断性较好、操作方便和使用安全等优点。

封闭式负荷开关主要用于工矿企业电气装置、农村电力排灌及电热和照明等各种配电设备中，供手动不频繁接通、分断电路及线路末端的短路保护之用，其中容量较小者（开关的额定电流为 60 A 及以下的），还可用作电动机的不频繁全压启动（又称直接启动）的控制开关。

任务 2-2　拆解低压负荷开关（以 HK2-16/ 3 型负荷开关为例）

步骤 1：将固定螺帽松开，分别取下上端盖子和下端盖子，如图 4-12 所示。

图4-12　负荷开关壳体分离

步骤 2：探究内部结构，如图 4-13 所示。

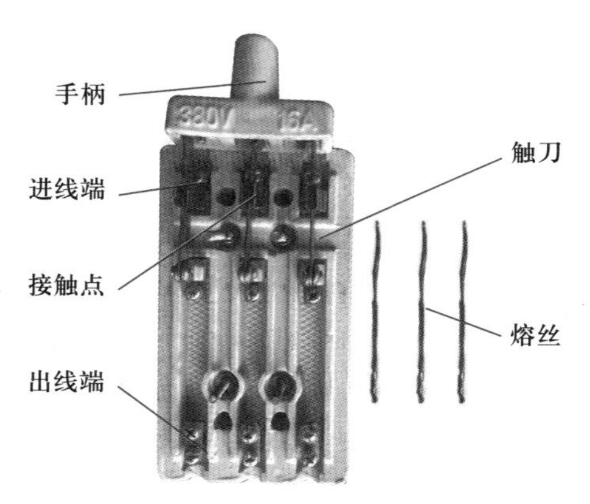

图4-13　HK2-16/ 3型负荷开关结构

任务 2-3　探究低压负荷开关工作原理

1. 开启式负荷开关

开启式负荷开关的全部导电零件都固定在一块瓷底板上面。触刀的一端固定在瓷质手柄上，另一端固定在触刀座上，并可绕着触刀座上的铰链转动。操作人员手握瓷柄朝上推的时候，触刀绕铰链向上转动，插入插座，将电路接通；反之，将瓷柄向下拉，触刀就绕铰链向下转动，脱离插座，将电路切断。

2. 封闭式负荷开关

封闭式负荷开关的操作机构都具有以下两个特点：一是采用储能合闸方式，即利用一根弹簧执行合闸和分闸机能，使开关的闭合和分断速度都与操作速度、结构无关，这既有助于改善开关的动作性能和灭弧性能，又能防止触头停滞在中间位置上；二是设有联锁装置，它可以保证开关合闸时不能打开箱盖，而当箱盖打开的时候，也不能将开关合闸，既有助于充分发挥外壳的防护作用，防止操作人员被电弧灼伤，又保证了更换熔丝等操作的安全。

任务 2-4　低压负荷开关的主要技术参数

HK 系列低压负荷开关的主要技术参数见表 4-6。

表 4-6　HK系列低压负荷开关的主要技术数据

型号	极数	额定电流 /A	额定电压 /V	可控制电动机的功率 /kW		熔体选择
				220 V	380 V	
HK1-15	2	15	220	—	—	① 对于变压器、电热器和照明电路，熔体的额定电流宜等于或稍大于实际负载电流。 ② 对于配电线路，熔体的额定电流宜等于或略小于线路的安全电流。 ③ 对于电动机，熔体的额定电流一般为电动机额定电流的1.5~2.5倍。在重载启动和全电压启动的场合，应取较大的数值；而在轻载启动和减压启动的场合，则应取较小的数值
HK1-30	2	30	220	—	—	
HK1-60	2	60	220	—	—	
HK1-15	3	15	380	1.5	2.2	
HK1-30	3	30	380	2.0	4.0	
HK1-60	3	60	380	4.5	5.5	

任务 2-5　低压负荷开关的选用及使用注意事项

一、选用

1. 开启式负荷开关

用于照明电路时，可选用额定电压为 220 V 或 250 V 的二极开关；用于小容量三相异步电动机时，可选用额定电压为 380 V 或 500 V 的三极开关。在正常情况下，开启式负荷开关一般可以在其额定电流范围内接通或分断电路。因此，当开启式负荷开关用于普通负载（如照明或电热设备）时，负荷开关的额定电流应等于或大于开断电路中各个负载额定电流的总和。当开启式负荷开关被用于控制电动机时，考虑到电动机的启动电流可达额定电流的 4~7 倍，因此不能按照电动机的额定电流来选用，而应把开启式负荷开关的额定电流选得大一些，换句话说，即负荷开关应适当降低容量使用。根据经验，负荷开关的额定电流一般可选择电动机额定电流的 3 倍为宜。

2. 封闭式负荷开关

用于控制一般照明、电热电路时，开关的额定电流应等于或大于被控制电路中各个负载额定电流之和。当用封闭式负荷开关控制异步电动机时，考虑到异步电动机的启动电流为额定电流的 4~7 倍，故开关的额定电流应为电动机额定电流的 1.5 倍为宜。

二、使用注意事项

（1）有灭弧触点的负荷开关，各相分闸动作应迅速一致。

（2）双投负荷开关在分闸位置时，刀片应能可靠固定，不得使刀片有自行合闸的可能。

（3）铁壳开关外壳应可靠接地，防止意外漏电造成触电事故。操作时人要在铁壳开关的手柄侧，不要面对开关，以免意外故障使开关爆炸，铁壳飞出伤人。

（4）负荷开关应按照产品使用说明书中规定的分断负载能力使用，分断严重过载将会引起持续燃弧，甚至造成相间短路，损坏开关。

（5）无灭弧罩的负荷开关不应分断带电流的负载，只能作隔离电源用，合闸顺序要先合上负荷开关，再合上控制负载的开关电器，分闸顺序则相反，要先使控制负载的开关电器分闸，然后再分断负荷开关。

任务 2-6　低压负荷开关的拆装与检修

一、工具、仪表及器材

1. 器材准备：HK2、HK8、HH3 等系列低压负荷开关，并编号

2. 选择工具仪表：电工常用工具、镊子等，指针式万用表

二、识别低压负荷开关

在指导教师的指导下，识别所给低压负荷开关，仔细观察各种不同型号、规格的低压负荷开关，熟悉它们的外形、型号，将型号以及相关参数填入表 4-7 中。

表4-7 各低压负荷开关型号以及相关参数

序号	型号	类型	额定电流	设计序号	适用场合

三、识读使用手册(说明书)

根据所给低压负荷开关的使用手册,熟悉低压负荷开关主要技术参数的意义、结构、工作原理,安装使用方法。

四、拆解低压负荷开关(以 HK2-16/3 型负荷开关为例)

根据相应的操作步骤,拆解低压负荷开关,并将相关内容填入表 4-8 中。

表4-8 低压负荷开关的拆装与检修

<table>
<tr><th>型号</th><th>拆解步骤</th><th>检修记录</th><th>组装记录</th></tr>
<tr><td></td><td rowspan="5"></td><td rowspan="5"></td><td rowspan="5"></td></tr>
<tr><td>类型</td></tr>
<tr><td></td></tr>
<tr><td>额定电流</td></tr>
<tr><td></td></tr>
</table>

五、检修

按以下项目检修低压负荷开关,并将检修记录填入表 4-8 中。

(1)静触头弹性消失,开口过大,使静触头与动触头不能接触,更换静触头。

(2)熔丝熔断或虚连,更换熔丝。

(3)静触头、动触头氧化或有尘污,清洁触头。

(4)金属异物落入开关或连接熔丝引起相间短路,检查开关内部,拿出金属异物或连接熔丝。

六、组装

按以下顺序组装,并将组装记录填入表 4-8 中。

(1)装入熔丝。

(2)分别装上上端盖子和下端盖子。

(3)紧固 4 个固定螺帽。

七、检测

按照如下步骤检测低压负荷开关质量:

（1）测量低压负荷开关各触点间的电阻，并将检测结果记录在表 4–9 中。

用数字式万用表电阻 200 Ω 挡，测量低压负荷开关的两个接点间的通断情况，低压负荷开关断开时阻值应为无穷大，万用表显示为 1，低压负荷开关闭合时阻值约为 0 Ω，否则表明负荷开关已损坏。

步骤 1：测量低压负荷开关各触点间的电阻（当低压负荷开关闭合时，万用表显示阻值约为 0 Ω）如图 4–14 所示。

步骤 2：测量低压负荷开关各触点间的电阻（当低压负荷开关断开时，万用表显示阻值为 1）如图 4–15 所示。

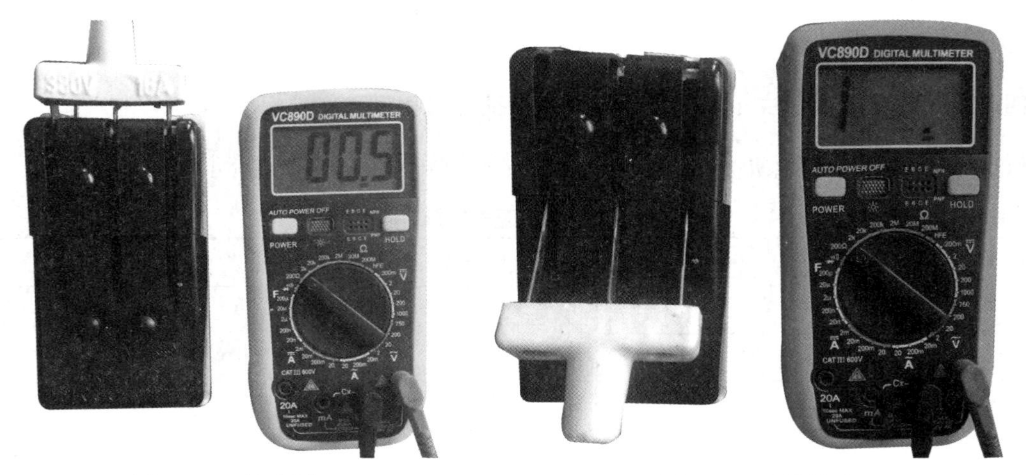

图4–14　开关闭合

图4–15　开关断开

表4–9　测量低压负荷开关各触点间的电阻

项目	开关闭合	开关断开	判断好坏
U 相开关阻值测量结果			
V 相开关阻值测量结果			
W 相开关阻值测量结果			

（2）测量负荷开关的相间绝缘电阻，将结果填写在表 4–10 中。

用兆欧表测量负荷开关相间绝缘电阻，如图 4–16 所示。正常情况均应大于 0.5 MΩ，将测量数据记录在表 4–10 中。

表4–10　测量负荷开关的绝缘电阻

项目	相间绝缘电阻		
	UV	VW	WU
测量结果			
判断好坏			

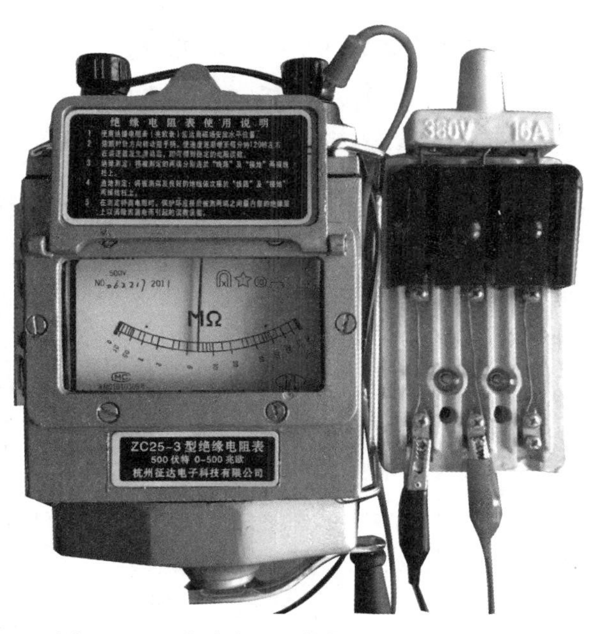

图4-16　用兆欧表测量负荷开关相间绝缘电阻

八、评分标准(见表4-11)

表4-11　评 分 标 准

<table>
<tr><td>项目内容</td><td>配分</td><td colspan="3">评分标准</td><td>扣分</td></tr>
<tr><td>识别低压负荷开关</td><td>40分</td><td colspan="3">(1)写错或漏写型号每项扣5分
(2)相关参数错误每项扣5分
(3)类型、使用场合错误 酌情扣分</td><td></td></tr>
<tr><td>低压负荷开关的拆装与检修</td><td>60分</td><td colspan="3">(1)拆装方法不正确或不会拆装扣20分
(2)损坏、丢失或漏装零件 每件扣10分
(3)未进行检修或检修方法不正确扣10分
(4)检测方法或结果不正确 扣10分</td><td></td></tr>
<tr><td>安全文明生产</td><td colspan="4">违反安全文明生产规程扣5~40分</td><td></td></tr>
<tr><td>定额时间</td><td colspan="4">30 min,每超过5 min(不足5 min,以5 min计)扣5分</td><td></td></tr>
<tr><td>备注</td><td colspan="3">除定额时间外,各项目的最高扣分不应该超过配分数</td><td>成绩</td><td></td></tr>
<tr><td>开始时间</td><td></td><td>结束时间</td><td></td><td>实际时间</td><td></td></tr>
</table>

任务三　认识组合开关

任务 3-1　初识组合开关

组合开关又称转换开关，一般用于电气设备中作为不频繁接通和断开电路、换接电源和负载使用。组合开关实质上是一种刀开关，一般刀开关的操作手柄是在垂直于安装面的平面内向上或向下转动，而组合开关的操作手柄则是在平行于安装面的平面内向左或向右转动。组合开关的结构紧凑，这种开关本身不带熔体，需要做短路保护时须另设熔断器。

一、外形

组合开关的常用产品有：HZ3、HZ5、HZ10 系列，如图 4-17 所示。

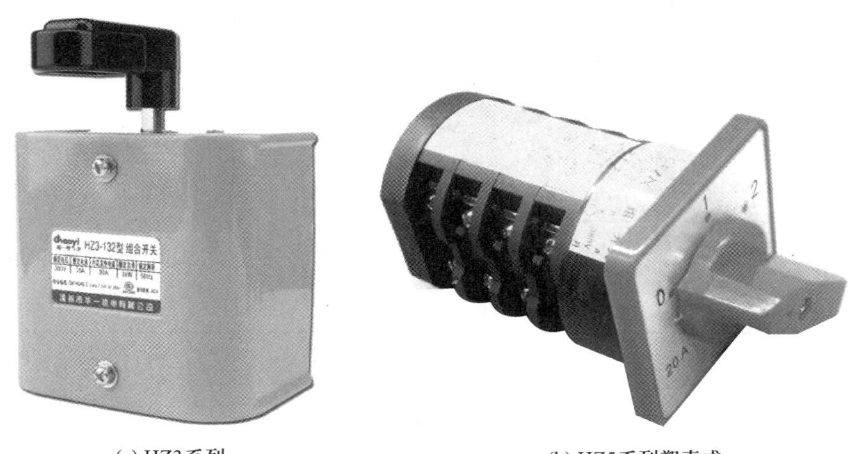

(a) HZ3系列　　(b) HZ5系列塑壳式

(c) HZ10系列

图4-17　常用组合开关的外形图

二、电气图形符号

组合开关的电气图形符号如图 4–18 所示。

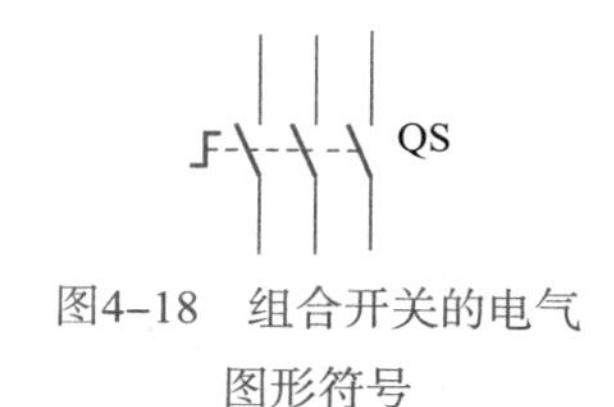

图4–18　组合开关的电气图形符号

三、型号与含义

组合开关的型号与含义如图 4–19 所示。

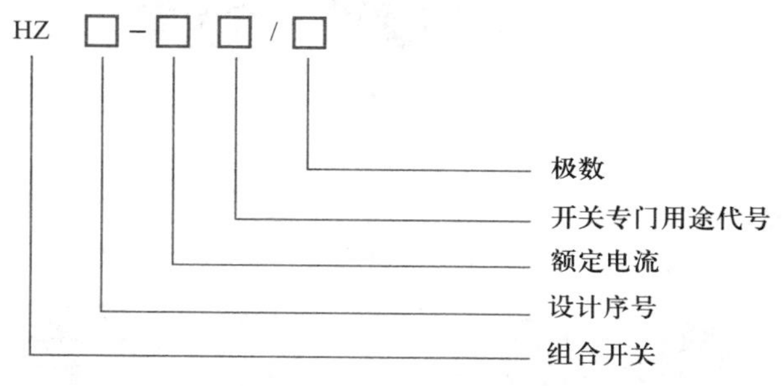

图4–19　组合开关的型号与含义

四、分类及用途

组合开关可分为单极、双极和多极三类，一般在电气控制线路中普遍采用的是 HZ10 系列的组合开关，这种开关具有寿命长、使用可靠、结构简单等优点，适用于交流 50 Hz、380 V，和直流 220 V 及以下的电气线路中，作为电源引入，5 kW 以下小容量电动机的直接启动，电动机的正反转控制及机床照明控制电路中。

任务 3–2　拆解组合开关（以 HZ10–10/3 型组合开关为例）

步骤 1：用尖嘴钳取下组合开关顶部的两颗螺母，取下手柄，观察组合开关封盖内的结构如图 4–20 所示。

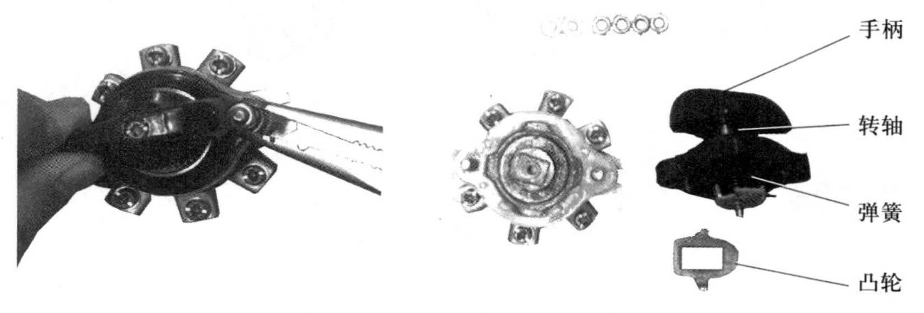

图4–20　组合开关封盖内结构

步骤 2：HZ10–10/3 型组合开关共有三层触点，取下绝缘方轴，壳体支撑件，拆下第一层触点如图 4–21（a）所示；用同样的方法拆下组合开关的第二、三层触点，如图 4–21（b）、（c）所示。

步骤 3：拆解组合开关的触点系统，它有三对静触片，每个触片的一端固定在绝缘垫板上，另一端伸出盒外，连在接线柱上，如图 4–22 所示。

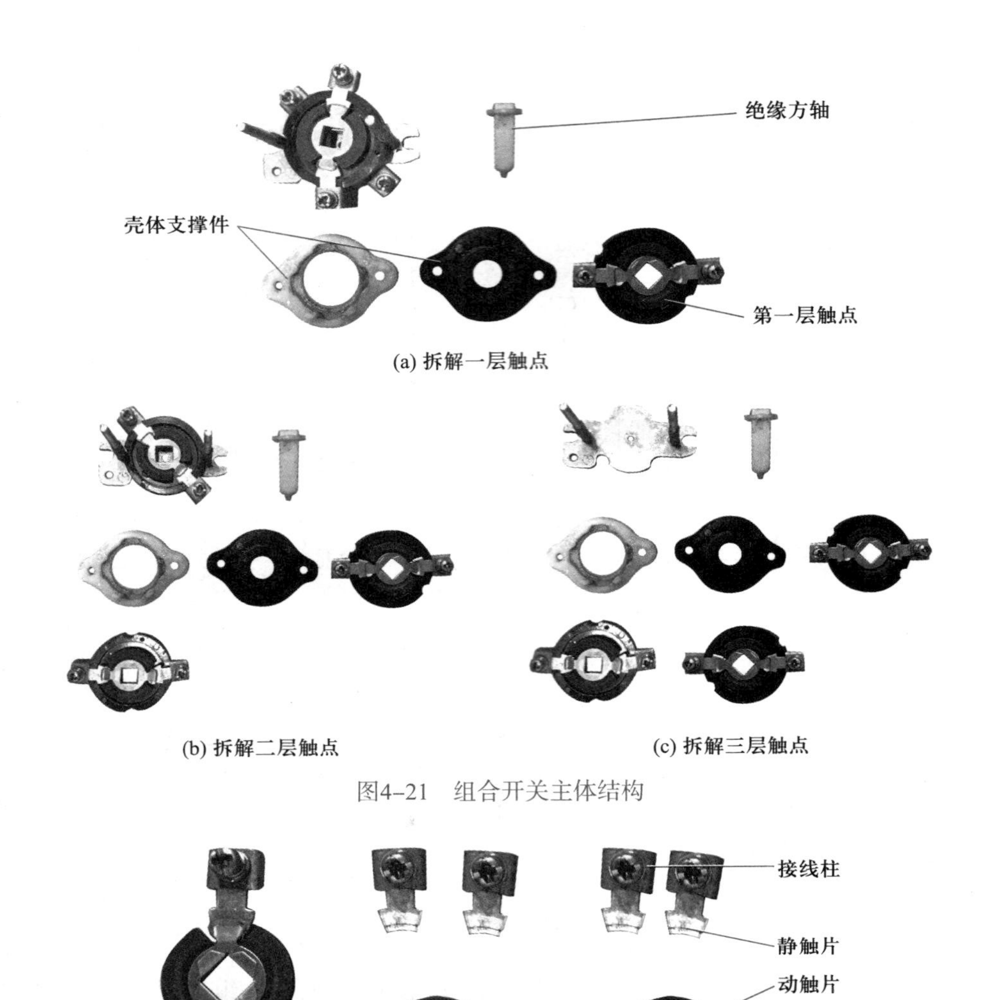

图4-21　组合开关主体结构

图4-22　触点结构

任务 3-3　探究组合开关工作原理

一、组合开关的结构

如图 4-23 所示，组合开关由手柄、凸轮、绝缘方轴、触点系统和壳体支撑件等部分组成。组合开关在电气控制线路中，常作为电源引入开关，可以用它来直接启动或停止小功率电动机、控制电动机正反转等，局部照明电路也常用它来控制。组合开关有单极、双极、三极、四极几种，额定工作电流有 10 A、25 A、60 A、100 A 等。

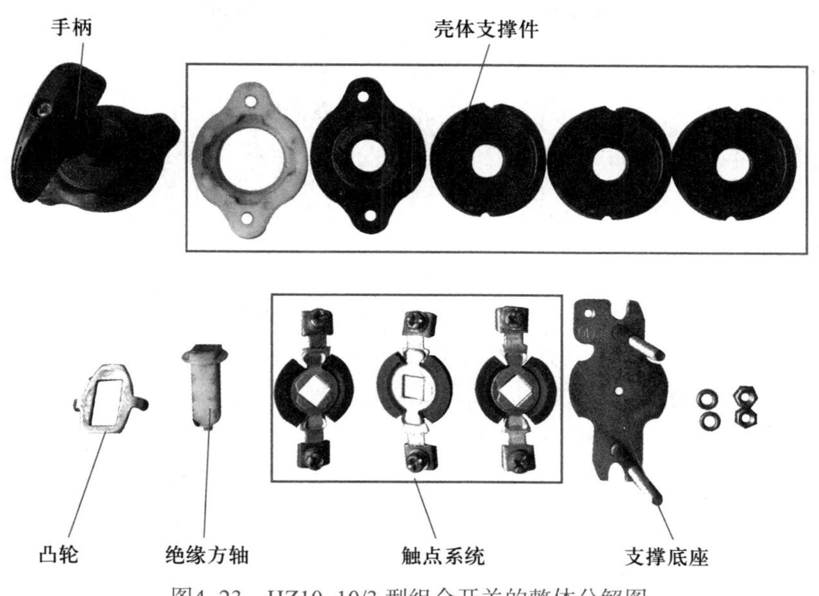

图4–23 HZ10–10/3 型组合开关的整体分解图

二、工作原理

组合开关的工作原理与刀开关工作原理相似，可使几组触点同时动作，且有速断速合弹簧，可缩短分合电路产生的电弧燃烧时间，延长使用寿命。组合开关主要对主电路起隔离作用和对轻负载进行负荷通断控制。组合开关可同时控制多路负载，也可在几路电源中选择一路。

任务 3–4 组合开关的主要技术参数

主要参数有额定电压、额定电流、极数等。HZ10 系列组合开关的主要技术参数见表 4–12。

表 4–12 HZ10系列组合开关的主要技术参数

<table>
<tr><th rowspan="2">型号</th><th rowspan="2">额定电压 /V</th><th colspan="2">额定电流 /A</th><th rowspan="2">380 V 时可控制电动机的功率 /kW</th></tr>
<tr><th>单极</th><th>三极</th></tr>
<tr><td>HZ10–10</td><td rowspan="4">DC220 或 AC380</td><td>6</td><td>10</td><td>1</td></tr>
<tr><td>HZ10–25</td><td>—</td><td>25</td><td>3.3</td></tr>
<tr><td>HZ10–60</td><td>—</td><td>60</td><td>5.5</td></tr>
<tr><td>HZ10–100</td><td>—</td><td>100</td><td>—</td></tr>
</table>

任务 3–5 组合开关的选用及使用注意事项

一、选用

（1）组合开关应根据用电设备的电压等级、容量和所需触头数进行选用。组合开关用于一般照明、电热电路时，其额定电流应不小于被控制电路中各负载电流的总和；组合开关用于控制电动机时，其额定电流一般取电动机额定电流的 1.5~2.5 倍。

（2）组合开关接线方式很多，应根据需要，合理选择相应规格的产品。

（3）组合开关本身是不带过载保护和短路保护的，如果需要这类保护，应另设其他保护电器。

二、使用注意事项

（1）由于组合开关的通断能力较低，故不能用来分断故障电流。当用于控制电动机作可逆运转时，必须在电动机完全停止转动后，才允许反向接通。

（2）当操作频率过高或负载功率因数较低时，组合开关要降低容量使用，否则会影响开关寿命。

（3）在使用时应注意，组合开关的转换次数一般不超过 15~20 次 /h。

（4）经常检查开关固定螺钉是否松动，以免引起导线压接松动，造成外部连接点放电、打火、烧蚀或断路。

（5）检修组合开关时，应注意检查开关内部的动、静触片接触情况，以免造成内部接点起弧烧蚀。

任务 3–6　组合开关的拆装与检修

一、工具、仪表及器材

1. 器材准备：HZ3、HZ5、HZ10 等系列组合开关，并编号
2. 选择工具仪表：电工常用工具、镊子等，数字式万用表

二、识别组合开关

在指导教师的指导下，识别所给组合开关，仔细观察各种不同型号、规格的组合开关，熟悉它们的外形、型号，将型号以及相关参数填写在表 4–13 中。

表4–13　各组合开关型号以及相关参数

序号	型号	类型	额定电流	设计序号	适用场合

三、识读使用手册（说明书）

根据所给组合开关的使用手册，熟悉组合开关主要技术参数的意义、结构、工作原理，安装使用方法。

四、拆解组合开关（以 HZ10-10/3 型组合开关为例）

根据相应的操作步骤，拆解组合开关，并将相关内容填入表 4-14 中。

表4-14　组合开关的拆装与检修

型号	拆解步骤	检修记录	组装记录
类型			
额定电流			

五、检修

按以下项目检修组合开关，并将检修记录填入表 4-14 中。

（1）手柄上的三角形或半圆形口磨成圆形，调换手柄。

（2）操作机构损坏，修理操作机构。

（3）绝缘杆变形（由方形磨成圆形），更换绝缘杆。

（4）轴与绝缘杆装配不紧，紧固轴与绝缘杆。

（5）修理后触头角度装配不正确，重新装配。

（6）触头失去弹性或有尘污，更换触头或清除尘污。

（7）由于长期不清扫，铁屑或油污附着在接线柱间，形成导电层，将胶木烧焦，绝缘破坏形成短路，清扫开关或调换开关。

六、组装

按以下顺序组装，并将组装记录填入表 4-14 中。

（1）依次装入三层触点系统。

（2）装入绝缘方轴。

（3）装入凸轮。

（4）装入封帽。

（5）紧固螺母。

七、检测

（1）测量组合开关各触点间的通断情况，并将检测结果记录在表 4-15 中。

用万用表通断挡，测量组合开关的两个接点间的通断情况，分断时万用表显示应为 1（无穷大），闭合时显示为 0，否则说明组合开关已损坏，如图 4-24 和图 4-25 所示。

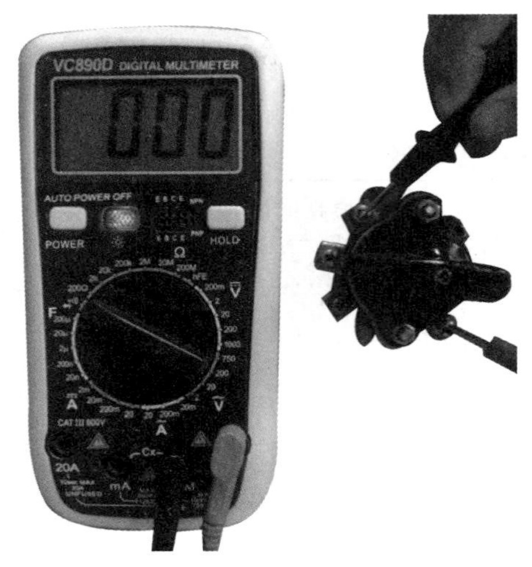

图4-24　开关闭合

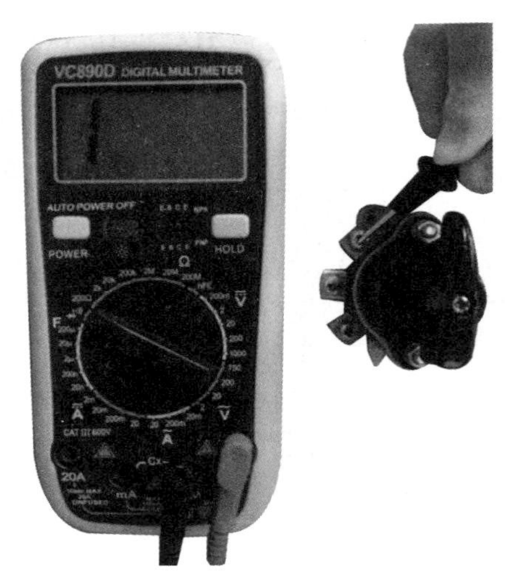

图4-25　开关分断

表4-15　组合开关检测记录表

项目	开关闭合	开关分断	判断好坏
U 相开关检测			
V 相开关检测			
W 相开关检测			

（2）测量组合开关的相间绝缘电阻，将结果记录在表 4-16 中。

用兆欧表测量组合开关两相间的绝缘电阻，正常情况均应大于 0.5 MΩ，否则说明组合开关绝缘性能较差，不能使用，如图 4-26 所示，进行相间绝缘电阻的测量。

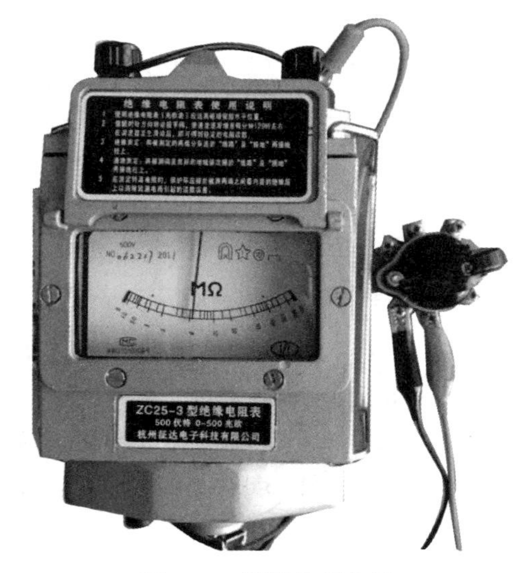

图4-26　测量绝缘电阻

表4-16　组合开关相间绝缘电阻记录表

项目	相间绝缘电阻		
	UV	VW	WU
测量结果			
判断好坏			

八、评分标准(见表4-17)

表4-17　评 分 标 准

项目内容	配分	评分标准			扣分
识别组合开关	40分	（1）写错或漏写型号每只扣5分 （2）相关参数错误每项扣5分 （3）类型、使用场合错误 酌情扣分			
组合开关的拆装与检修	60分	（1）拆装方法不正确或不会拆装扣20分 （2）损坏、丢失或漏装零件每件扣10分 （3）未进行检修或检修方法不正确扣10分 （4）检测方法或结果不正确 扣10分			
安全文明生产	违反安全文明生产规程 扣5~40分				
定额时间	40 min，每超过5 min（不足5 min，以5 min计）扣5分				
备注	除定额时间外，各项目的最高扣分不应该超过配分数			成绩	
开始时间		结束时间		实际时间	

项目五　交流接触器

接触器应用于电力、配电，是用来频繁接通和断开电路的自动切换电器，它具有手动切换电器所不能实现的遥控功能，同时还具有欠电压、失电压保护的功能，但不具备短路保护和过载保护功能。接触器的主要控制对象是电动机，也可用作控制电热设备、电照明、电焊机和电容器组等电力负载。接触器分为交流接触器和直流接触器。

学习目标

本项目的主要内容就是认识常用的接触器，了解其结构和原理，并掌握其拆装及检修的基本方法。具体要求如下：

1. 了解接触器的规格、基本结构、电气图形符号及工作原理
2. 能识读接触器产品型号含义
3. 掌握使用电工工具修复接触器的技术
4. 会根据控制要求正确选择与使用接触器

任务一　初识交流接触器

一、外形

交流接触器的种类较多，其中电磁式交流接触器应用最广。各品种系列的结构和工作原理基本相同，常用交流接触器的外形图如图 5-1 所示。

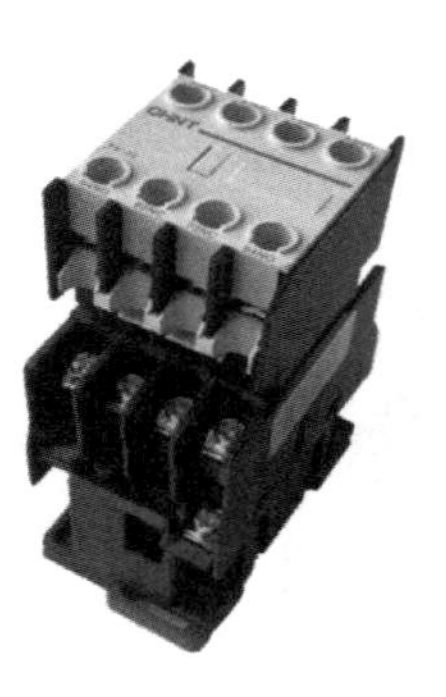

(a) CJX2系列

(b) CJ10系列

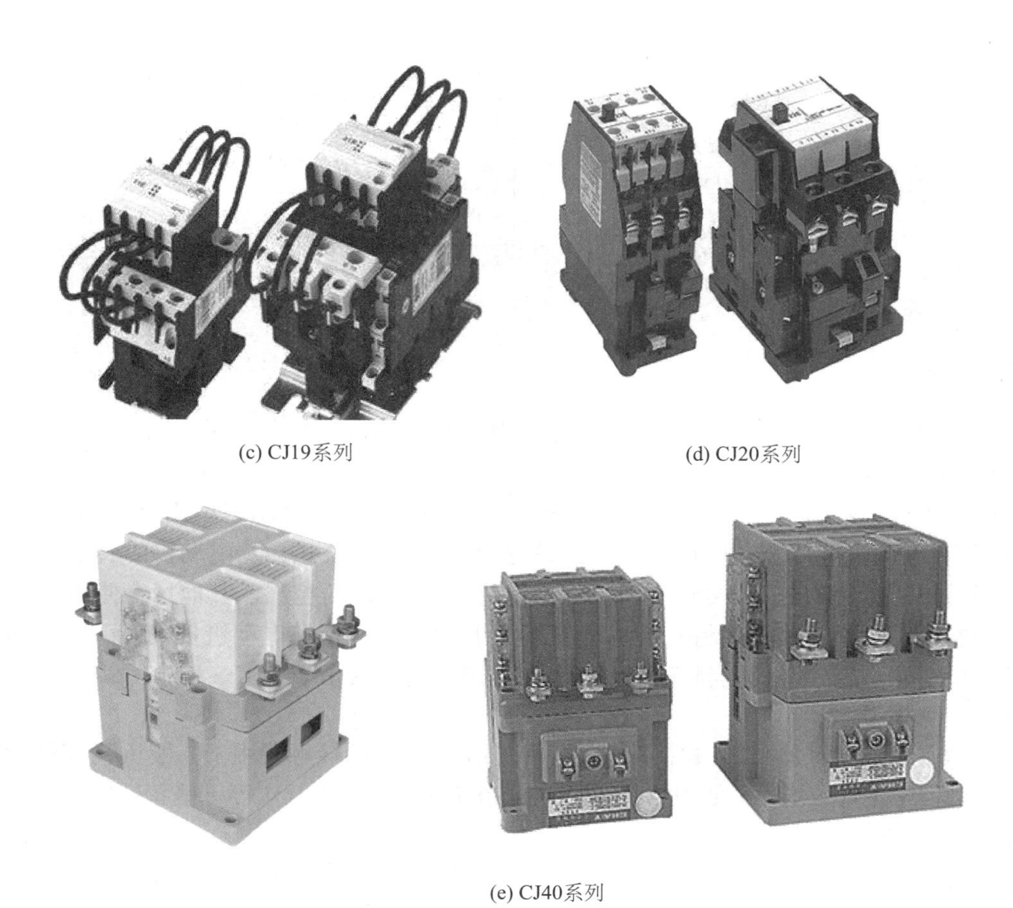

(c) CJ19系列　　(d) CJ20系列

(e) CJ40系列

图5-1　常用交流接触器的外形图

二、电气图形符号

交流接触器的电气图形符号如图 5-2 所示。

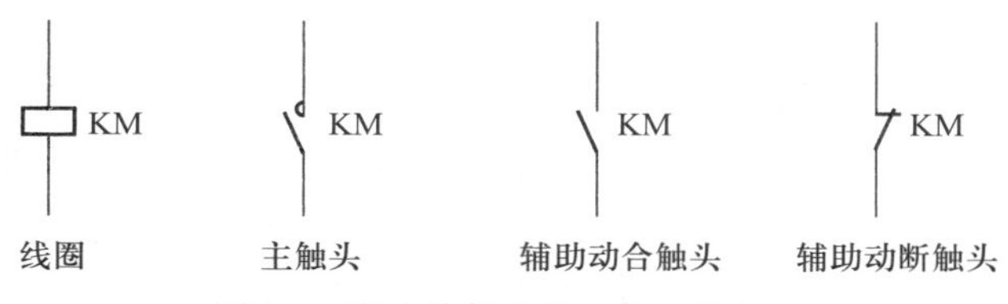

图5-2　交流接触器的电气图形符号

三、型号与含义

CJ 系列交流接触器型号与含义如下：

以 CJ10-10 为例，其含义为交流接触器、设计序号为 10、额定电压为 380 V，额定电流为 10 A，主触头对数为 3 对。

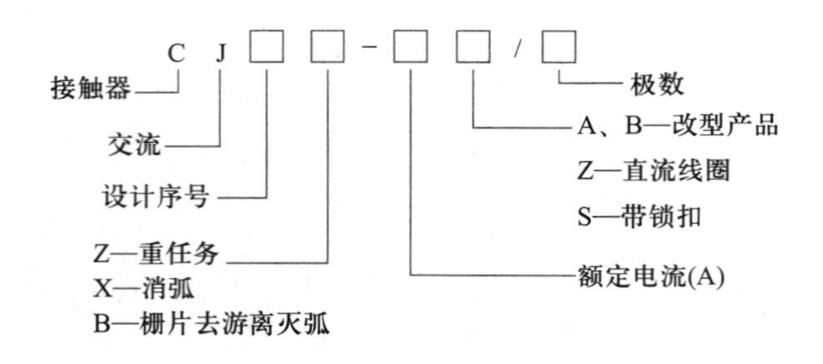

四、分类

交流接触器的分类方法不尽相同。按照一般的分类方法，大致有以下几种：

1. 按主触点级数分类

可分为单极、双极、三极、四极和五极接触器。单极接触器主要用于单相负荷，如照明负荷、电焊机等，在电动机能耗制动中也可采用；双极接触器用于绕线式异步电动机的转子回路中，启动时用于短接启动绕组；三极接触器用于三相负荷，在电动机的控制及其他场合使用非常广泛；四极接触器主要用于三相四线制的照明线路，也可用来控制双回路电动机负载；五极交流接触器用来组成自耦补偿启动器或控制双笼型电动机，以变换绕组接法。

2. 按灭弧介质分类

可分为空气式接触器、真空式接触器等。依靠空气绝缘的接触器用于一般负载，而采用真空绝缘的接触器常用在煤矿、石油、化工企业及电压在 660 V 和 1 140 V 等一些特殊的场合。

3. 按有无触点分类

可分为有触点接触器和无触点接触器。常见的接触器多为有触点接触器，而无触点接触器属于电子技术应用的产物，一般采用晶闸管作为回路的通断元件。由于晶闸管导通时所需的触发电压很小，而且回路通断时无火花产生，因而可用于高操作频率的设备和易燃、易爆、无噪声的场合。

任务二　拆解交流接触器

步骤 1：辅助触头模块和主触头模块分离

以图 5-3 所示 CJX2-12 交流接触器为例，用大拇指把蓝色卡扣往上推，使交流接触器辅助触头模块和主触头模块分离，如图 5-4 所示。交流接触器通常有 4 对辅助触头，2 对动合，2 对动断，辅助触头主要用于电气自锁、互锁，也可以认为是此接触器的状态反馈。

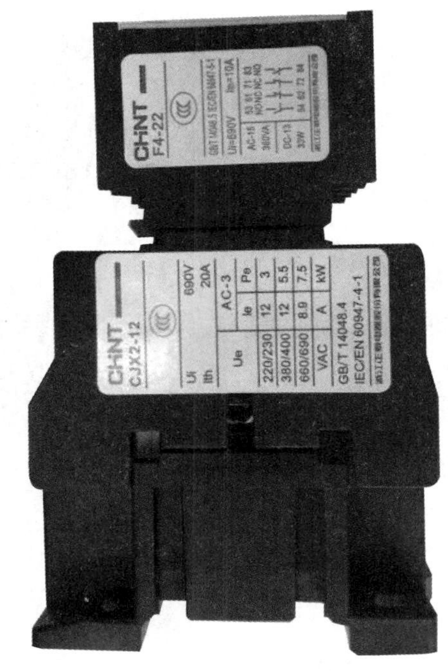

图5-3　CJX2-12交流接触器

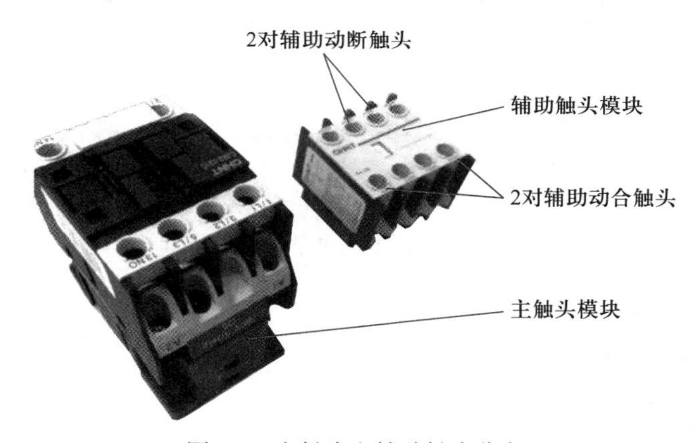

图5-4　主触头和辅助触头分离

步骤 2：拆解辅助触头模块

（1）用螺丝刀轻轻地把塑料卡扣往外面推，再拧松接线端子，如图 5-5 所示。

（2）用尖嘴钳夹住辅助触头的静触头边，向外拉出静触头片，如图 5-6 所示。

（3）为了使触点接触得更紧密，减小接触电阻，并消除接触时发生的振动，通常触点上装有弹簧，以随着触点的闭合逐渐加大触点间的互压力。图 5-7 所示为取出辅助触点模块动触点机构。

（4）辅助触头模块拆解完成，如图 5-8 所示。

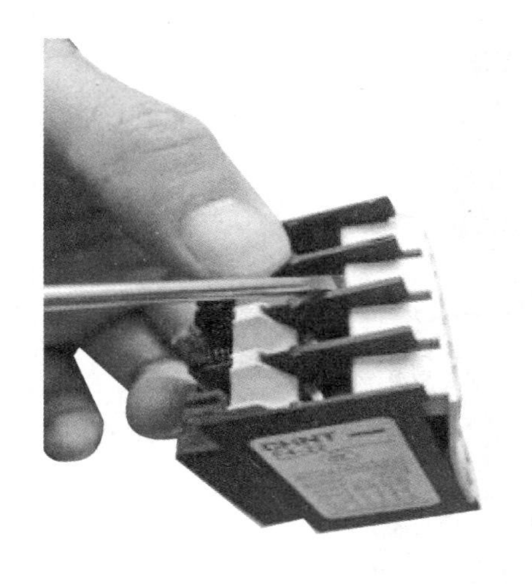

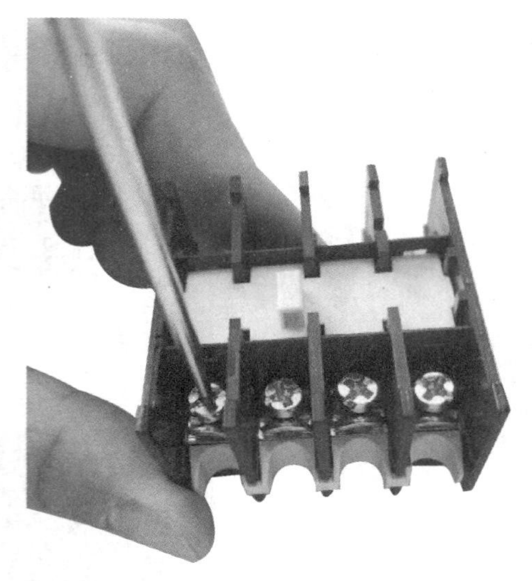

图5-5　拧松接线端子

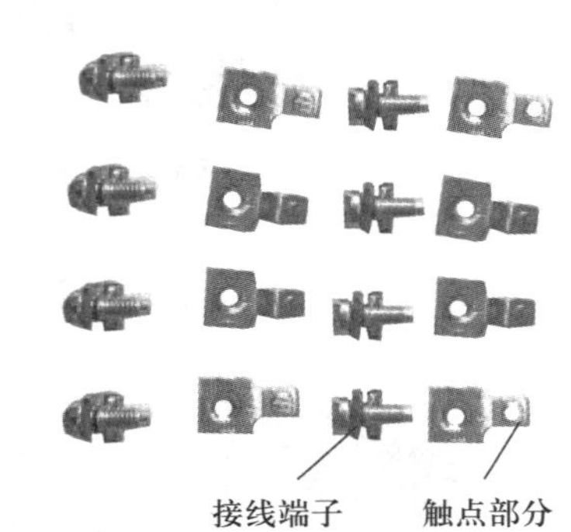

图5-6　辅助触头的静触头端子

(a) 取出动触头架

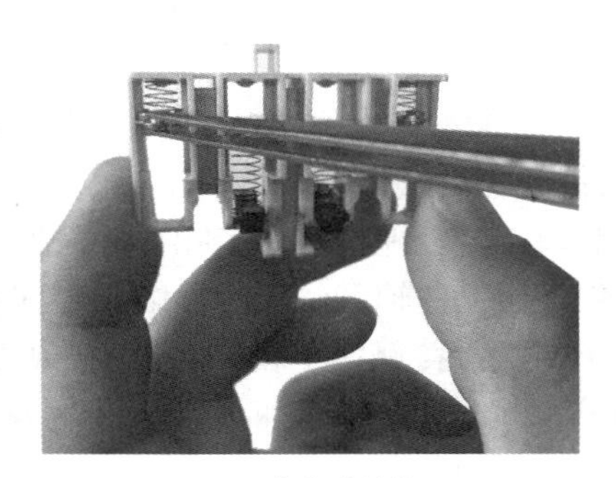

(b) 夹出动触头

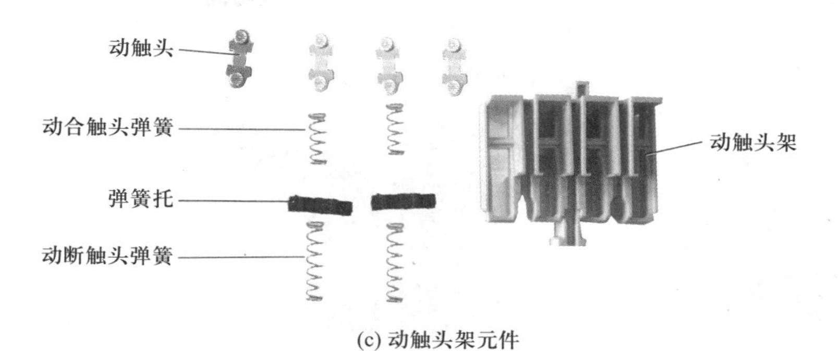

(c) 动触头架元件

图5-7　辅助触头的动触头端子

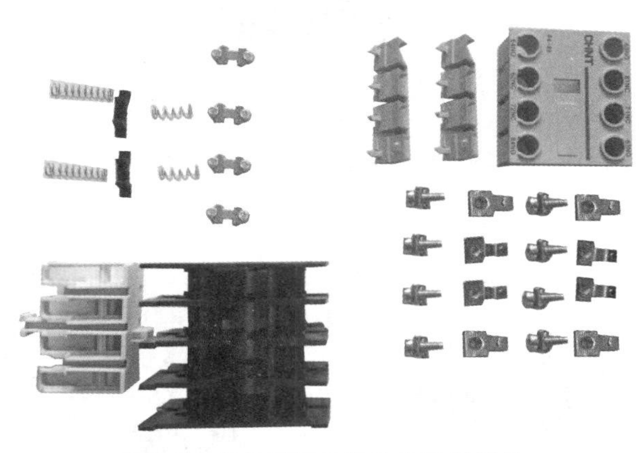

图5-8　接触器辅助触头模块元器件

步骤 3 :拆解交流接触器主触头模块

（1）主触点的作用是接通和分断主回路,控制较大的电流。用螺丝刀拧下螺钉,用尖嘴钳夹住主触头静触头边,向外拉出静触头片,如图 5-9 所示。

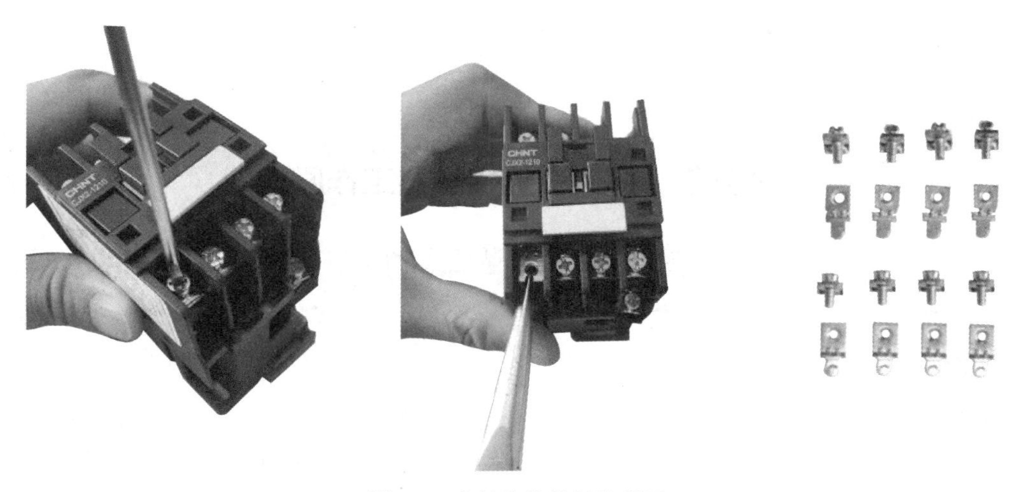

图5-9　主触头的静触头端子

（2）电磁系统包括电磁线圈和铁心，是接触器的重要组成部分，依靠它带动触点的闭合与断开。用手取下线圈、用尖嘴钳向外拉出动触头片，如图 5–10 所示。

图5–10　主触头的动触头端子

（3）主触头模块拆解完成，如图 5–11 所示。

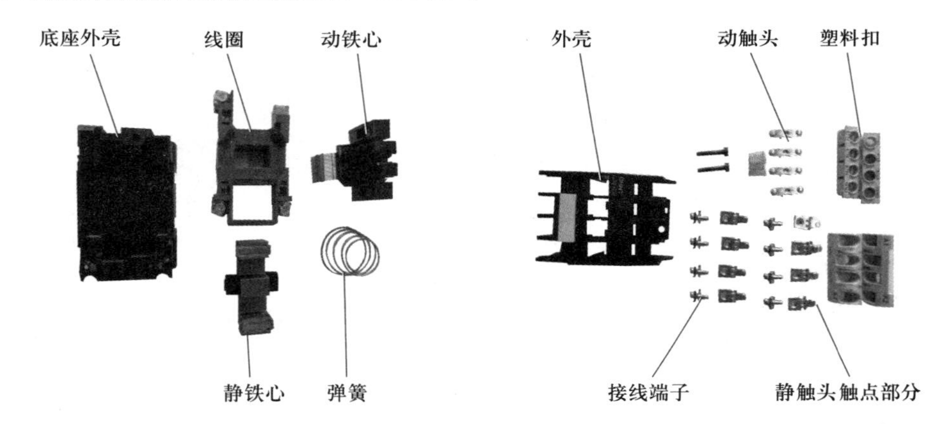

图5–11　接触器主触头模块元器件

任务三　探究交流接触器工作原理

交流接触器主要由电磁系统、触头系统、灭弧装置及辅助部件等组成。图 5–12 所示为 CJX2 系列交流接触器的整体分解图。

一、电磁系统

电磁系统主要由线圈、静铁心和动铁心（衔铁）三部分组成。静铁心的两个端面上嵌有短路环，用以消除电磁系统的振动和噪声。线圈由绝缘导线绕制而成，并在两端引出两根电磁线通过接线端子与外部线路连接，如图 5–13 所示。

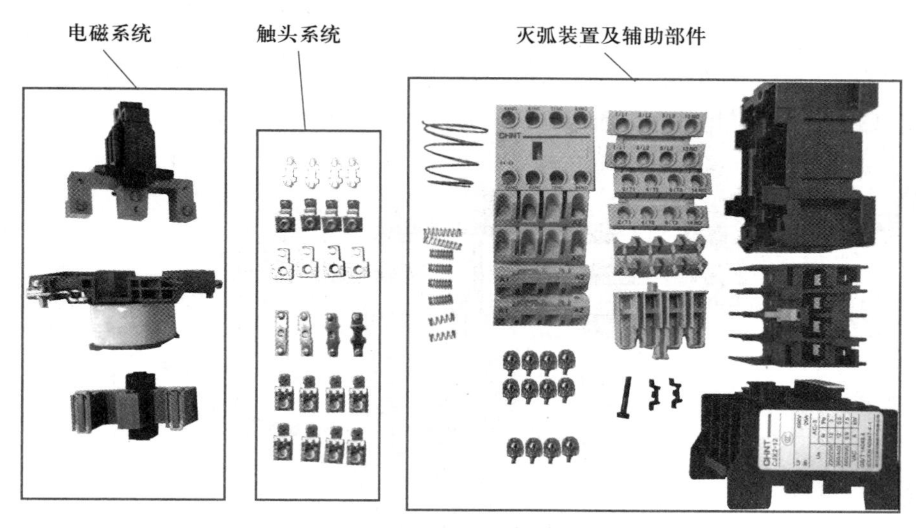

图5-12　CJX2系列交流接触器的整体分解图

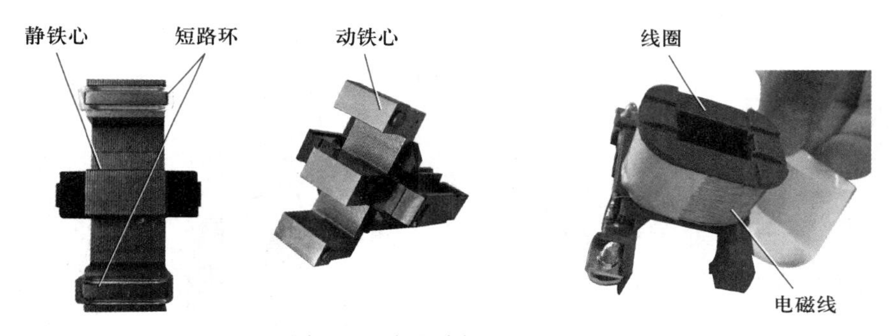

图5-13　交流接触器电磁系统

铁心是交流接触器发热的主要部件。为增大铁心的散热面积，又避免线圈与铁心直接接触而受热烧毁，交流接触器的线圈一般做成粗而短的圆筒形，并且绕在绝缘骨架上，使铁心与线圈之间有一定间隙。另外，E 形铁心的中柱端面需留有 0.1 ~ 0.2 mm 的气隙，以减小剩磁影响，避免线圈断电后衔铁粘住不能释放。

当线圈通电后，线圈中会有电流流过而产生磁场，磁系统产生的吸力克服反作用弹簧及触头弹簧的反作用力，使衔铁（动铁心）带动触头向（静）铁心方向运动，从而使接触桥（动触头）和静触头接触，主电路接通。当线圈断电时，衔铁和接触桥在反作用力作用下复位，触头断开并产生电弧，电弧在灭弧室中受到强烈冷却而熄灭，主电路最后切断，如图 5-14 所示。

CJ10 系列交流接触器的衔铁运动方式有两种，对于额定电流为 40 A 及以下的接触器，采用如图 5-15(a) 所示的衔铁直线运动的螺管式；对于额定电流为 60 A 及以上的接触器，采用如图 5-15(b) 所示的衔铁绕轴转动的拍合式。

二、触头系统

触头系统包括主触头和辅助触头。主触头用于通断主电路，通常为三对或四对动合触头。辅助触头用于控制电路，起电气联锁作用，故称联锁触头，一般有动合、动断各两对，如图 5-16 所示。动合触头和动断触头是联动的。当线圈通电时，动断触头先断开，动合触头随后闭合。而线圈断电时，动合触头首先恢复断开，随后动断触头恢复闭合。两种触头在改变工作状态时，先后有个时间差，尽管这个时间差很短，但对分析线路的控制原理却很重要。

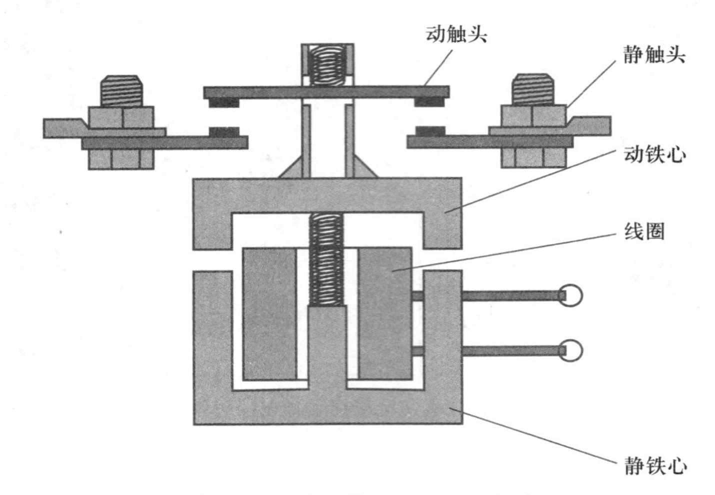

图5-14 交流接触器结构原理图

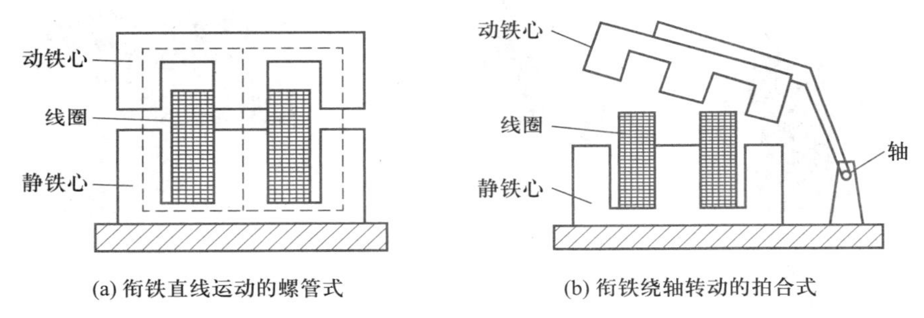

图5-15 交流接触器电磁系统结构图

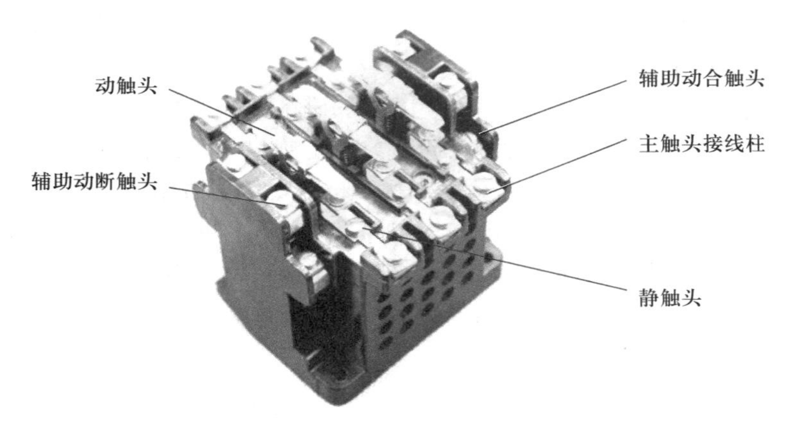

图5-16 接触器触头系统示意图

接触器的触头按接触情况可分为点接触式、线接触式和面接触式三种。其中，面接触式能够通过的电流最大，点接触式则最小，如图 5-17 所示。

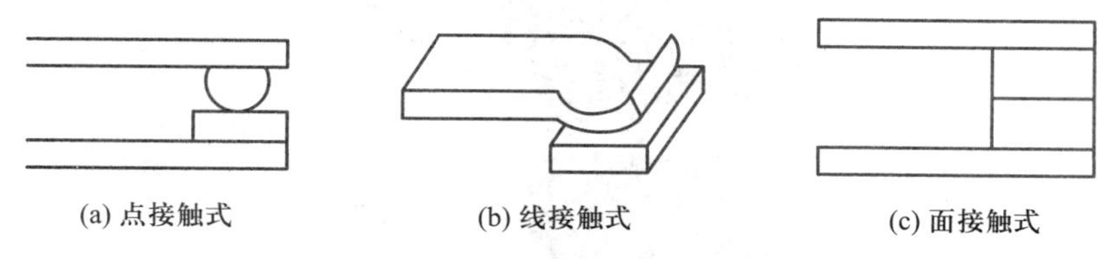

图5-17　接触器触头的三种形式

触头的结构形式可分为双断点桥式触头和指形触头两种，如图 5-18 所示。CJ10 系列交流接触器的触头一般采用双断点桥式触头。其动触头桥用紫铜片冲压而成。由于铜的表面易氧化并形成一层导电性能很差的氧化铜，而银的接触电阻小且其黑色氧化物对接触电阻的影响不大，所以在触头桥的两端镶有银基合金制成的触头块。静触头一般用黄铜板冲压而成，一端镶焊触头块，另一端为接线座。在触头上装有压力弹簧以减小接触电阻并消除开始接触时产生的有害振动。

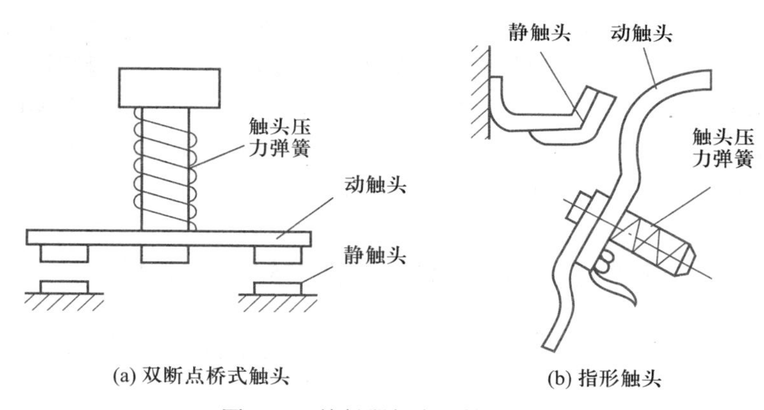

图5-18　接触器触点的结构形式

三、灭弧装置

灭弧装置的作用是熄灭触头分断时产生的电弧，以减轻电弧对触头的灼伤，保证可靠的分断电路，如图 5-19 所示。图 5-20 所示为 CJX2-12 交流接触器常用的灭弧装置。

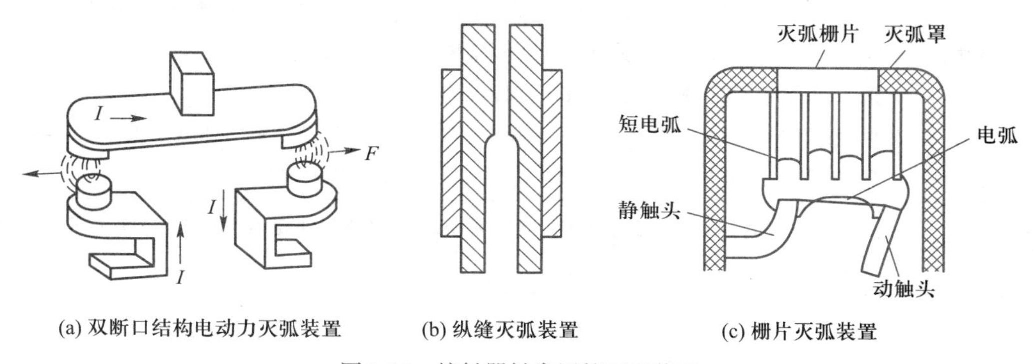

图5-19　接触器触常用的灭弧装置

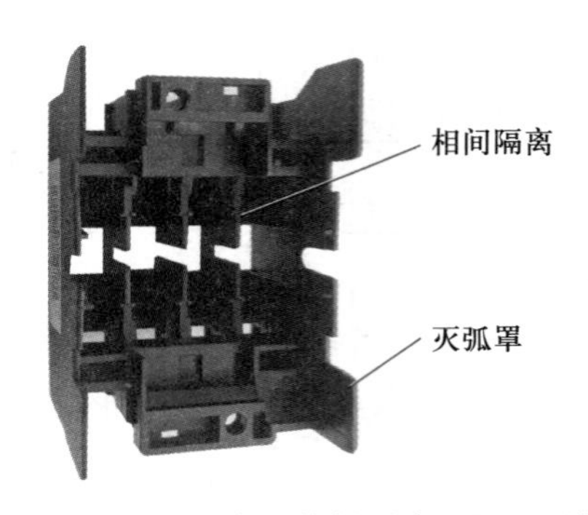

图5-20　CJX2-12交流接触器常用的灭弧装置

四、辅助部件

交流接触器的辅助部件有反作用弹簧、缓冲弹簧、触头压力弹簧、传动机构及底座、接线柱等。

反作用弹簧安装在动铁心和线圈之间，其作用是线圈断电后，推动衔铁释放，使各触头恢复原状态。缓冲弹簧安装在静铁心与线圈之间，其作用是缓冲衔铁在吸合时对静铁心和外壳的冲击力，保护外壳。触头压力弹簧安装在动触头上面，其作用是增加动、静触头间的压力，从而增大接触面积，以减小接触电阻，防止触头过热灼伤。传动机构的作用是在衔铁或反作用弹簧的作用下，带动动触头实现与静触头的接通或分断。

任务四　交流接触器的主要技术参数

接触器的主要技术参数有额定工作电压、额定工作电流、触头对数、线圈额定电压、使用寿命、操作频率和额定工作制，见表5-1。

表5-1　接触器的主要技术参数

项目	介绍
额定工作电压	在规定条件下能保证电器正常工作的电压，它与产品的通断能力关系很大。通常，最大工作电压即额定绝缘电压，并据此确定电器的电气间隙和爬电距离。一台接触器常规定数个额定工作电压，同时列出相应的额定工作电流（或控制功率）。当额定工作电压为380 V时，额定工作电流可近似地认为等于额定控制功率（kW）的2倍。 根据我国的标准，额定电压应在下述标准数系中选取： 直流：12 V、24 V、36 V、48 V、60 V、72 V、110 V、125 V、220 V、250 V、440 V； 交流：24 V、36 V、42 V、48 V、127 V、220 V、380 V、660 V、1 140 V
额定工作电流	由电器的工作条件，如工作电压、操作频率、使用类别、外壳防护形式、触头寿命等所决定的电流值，一般为6.3 ~ 3 150 A

续表

项目	介绍
使用寿命	接触器的使用寿命包括机械寿命和电气寿命。接触器的机械寿命以其在需要维修或更换机械零件前所能承受的无载操作循环次数来表示。推荐的机械寿命操作次数为：0.001、0.003、0.01、0.03、0.1、0.3、0.6、1、3、10 百万次。接触器的电气寿命以在规定的使用条件下，无需修理或更换零件的负载操作次数来表示。除非另有规定，对于 AC–3 使用类别的电气寿命次数，应不少于相应机械寿命的 1/20，且产品技术条件应规定此标准
操作频率	操作频率是指接触器每小时的允许操作次数，它分为九级，即每小时操作 1、3、12、30、120、300、600、1 200、3 000 次。操作频率直接影响到接触器的电气寿命和灭弧室的工作条件，也将影响到交流励磁线圈的温升
额定工作制	接触器的额定工作制有 8 小时工作制、不间断工作制、短时工作制及断续周期工作制四种。短时工作制的触头通电时间有 10 min、30 min、60 min、90 min 四种。断续周期工作制由三个参数——通过电流值、操作频率和负载系数来说明。负载系数也称通电持续率，它是通电时间与整个周期之比，一般以百分数表示。其标准值有：15%、25%、40%、60%

CJ10 系列交流接触器的主要技术参数见表 5–2。

表5–2　CJ10系列交流接触器的主要技术参数

型号	触头额定电压 /V	主触头		辅助触头		线圈		可控制三相异步电动机的最大功率 /kW		额定操作频率 /（次 /h）
		额定电流 /A	对数	额定电流 /A	对数	电压 /V	功率 /（V·A）	220 V	380 V	
CJ10–10	380	10	3	5	2 动合、2 动断	36、110、220、380、	11	2.2	4	≤ 600
CJ10–20		20					22	5.5	10	
CJ10–40		40					32	11	20	
CJ10–60		60					70	17	30	

任务五　交流接触器的选用及使用注意事项

一、选用

1. 选择交流接触器的类型

根据接触器所控制的负载性质选择接触器类型。交流接触器按负荷种类一般分为一类、二类、三类和四类，分别记为 AC1、AC2、AC3 和 AC4。一类交流接触器对应的控制对象是无感或微感负荷，如白炽灯、电阻炉等；二类交流接触器用于绕线式异步电动机的启动和停止；三类交流接触器的典型用途是笼型异步电动机的运转和运行中分断；四类交流接触器用于笼型异步电动机的启动、反接制动、反转和点动。

2. 选择接触器主触头的额定电压

接触器主触头的额定电压大于或等于所控制线路的额定电压。

3. 选择接触器主触头的额定电流

负载的计算电流要小于等于接触器的额定工作电流。接触器的接通电流大于负载的启动电流，分断电流大于负载运行时分断需要的电流，负载的计算电流要考虑实际工作环境和工况，对于启动时间长的负载，半小时峰值电流不能超过约定发热电流，按短时的动稳定和热稳定校验。线路的三相短路电流不应超过接触器允许的动稳定电流和热稳定电流，当使用接触器断开短路电流时，还应校验接触器的分断能力。热稳定电流，也称额定短时耐受电流（I_K），是指开关设备和控制设备在合闸位置能够承载的电流有效值。动稳定电流，也称额定峰值耐受电流（I_P），是指开关设备和控制设备在合闸位置能够承载的额定短时耐受电流第一个大半波的电流峰值。一般取 $I_P=2.5I_K$。根据操作次数校验接触器所允许的操作频率。如果操作频率超过规定值，额定电流应该加大一倍。

4. 选择接触器吸引线圈的额定电压

当控制线路简单、使用电器较少时，可直接选用 380 V 或 220 V 的电压。若线路较复杂、使用电器的个数超过 5 只，可选用 36 V 或 110 V 电压的线圈，以保证安全。

5. 选择接触器触头的数量和种类

接触器触头数量和种类应满足控制线路的要求。

二、使用注意事项

（1）接触器在安装前应认真检查接触器的铭牌数据是否符合电路要求，线圈工作电压是否与控制电源额定工作电压相符。

（2）接触器外观应良好，无损伤。活动部件应灵活，无卡滞。

（3）灭弧罩有无破裂、损伤。

（4）用万用表检查接触器线圈有无断线、短路现象。

（5）用绝缘电阻表（兆欧表）检查主触头间的相间绝缘，一般应大于 10 MΩ。

（6）接触器一般应安装在垂直面上，倾斜度不超过 5°，要注意留有适当的飞弧空间，以免烧坏相邻电器。

（7）安装位置及高度应便于日常检查和维修，安装地点应无剧烈振动。

（8）安装孔的螺钉应装有弹簧垫圈及平垫圈，并拧紧螺钉以防松脱或振动，不要有零件落入接触器内部。

（9）检查接线正确无误后，应在主触点不带电情况下，先使吸引线圈通电，分合数次，检查接触器动作是否可靠，然后才能投入使用。

（10）金属外壳或支架应可靠接地。

（11）其他注意事项：

1）接触器在不同的工作电压时，所能控制的功率应以产品样本等技术资料作选用依据。应当注意，在较低工作电压下的工作电流不应超过同一接触器的额定发热电流，最高工作电压不能超过接触器的额定绝缘电压。

2）考虑环境条件的影响：当接触器使用在散热条件较差、环境温度较高的情况下，应适当降低容量使用。但一些中小容量接触器，如 CJ8、CJ10 等系列交流接触器，设计时温升方面已留有一定余量，可不必降低容量。

此外，为了减少运行中的电能损耗和噪声，CJ12 等系列交流接触器有直流操作的派生品种，可供交流接触器无声运行时选用。

任务六　交流接触器的拆装与检修

一、工具、仪表及器材

1. 器材准备：CJ10、CJ20、CJX2 等系列接触器，并编号
2. 选择工具仪表：电工常用工具、镊子等，数字式万用表

二、识别接触器

在指导教师的指导下，识别所给接触器，仔细观察各种不同型号、规格的交流接触器，熟悉它们的外形、型号，注意识别主触头、辅助动合触头和动断触头、线圈的接线柱等。记录型号与规格、型号含义，画出电气图形符号，记录在表 5-3 中。

表5-3　识别接触器

序号	名称	型号与规格	型号含义	电气图形符号
1				
2				
3				

三、识读使用手册（说明书）

根据所给接触器的使用手册，熟悉接触器主要技术参数的意义、结构、工作原理，安装使用方法。

四、拆解 CJX2-12 交流接触器

根据相应的操作步骤，拆解接触器，并将步骤结果填入表 5-4。

表5-4　接触器的拆解与检修

<table>
<tr><td colspan="2" rowspan="2">型号</td><td colspan="2" rowspan="2">容量 /A</td><td rowspan="2">拆解步骤</td><td rowspan="2">检修记录</td><td colspan="2">主要零部件</td></tr>
<tr><td>名称</td><td>作用</td></tr>
<tr><td colspan="2"></td><td colspan="2"></td><td rowspan="11"></td><td rowspan="11"></td><td rowspan="3"></td><td rowspan="3"></td></tr>
<tr><td colspan="4">触点对数</td></tr>
<tr><td colspan="2">主触点</td><td>动合触点</td><td>动断触点</td></tr>
<tr><td colspan="2"></td><td></td><td></td><td rowspan="2"></td><td rowspan="2"></td></tr>
<tr><td colspan="4">触点电阻</td></tr>
<tr><td colspan="2">动合</td><td colspan="2">动断</td><td rowspan="2"></td><td rowspan="2"></td></tr>
<tr><td>动作前</td><td>动作后</td><td>动作前</td><td>动作后</td></tr>
<tr><td></td><td></td><td></td><td></td><td rowspan="2"></td><td rowspan="2"></td></tr>
<tr><td colspan="4">电磁线圈</td></tr>
<tr><td colspan="2">工作电压</td><td colspan="2">直流电阻</td><td rowspan="2"></td><td rowspan="2"></td></tr>
<tr><td colspan="2"></td><td colspan="2"></td></tr>
</table>

五、检修

（1）检查灭弧罩有无破裂或烧损，清除灭弧罩内的金属颗粒。
（2）检查触点的磨损程度，严重时需更换。
（3）清除铁心端面的油垢，检查铁心有无变形及端面接触是否平整。
（4）检查触点压力弹簧及反作用弹簧是否变形或弹力不足。
（5）检查线圈是否存在短路、断路及发热变色现象。
（6）将检修的结果填入表 5-4。

六、组装

按照如下顺序组装：
（1）装入静铁心。
（2）装入线圈支架。
（3）装入缓冲弹簧。

（4）将各动触头按标准位置装入动触头架。

（5）装入动铁心，盖上塑料外壳并拧紧紧固螺钉。

七、检测

用万用表电阻挡检查线圈及各触点是否良好，用手按住动触点，检查运动部分是否灵活，以防产生接触不良、振动和噪声，将检测的结果填入表 5–4。

1. 接线端子的测量

动合触点检测：把万用表置于通断挡，检测常态时动合触点，如图 5–21（a）所示，万用表显示为 1，再按下动铁心，如图 5–21（b）中万用表显示约为 0，则动合触点正常，否则为不正常。

动断触点检测：把万用表置于通断挡，检测常态时动断触点，如图 5–21（c）所示，万用表显示约为 0，再按下动铁心，如图 5–21（d）中万用表显示为 1，则动断触点正常，否则为不正常。

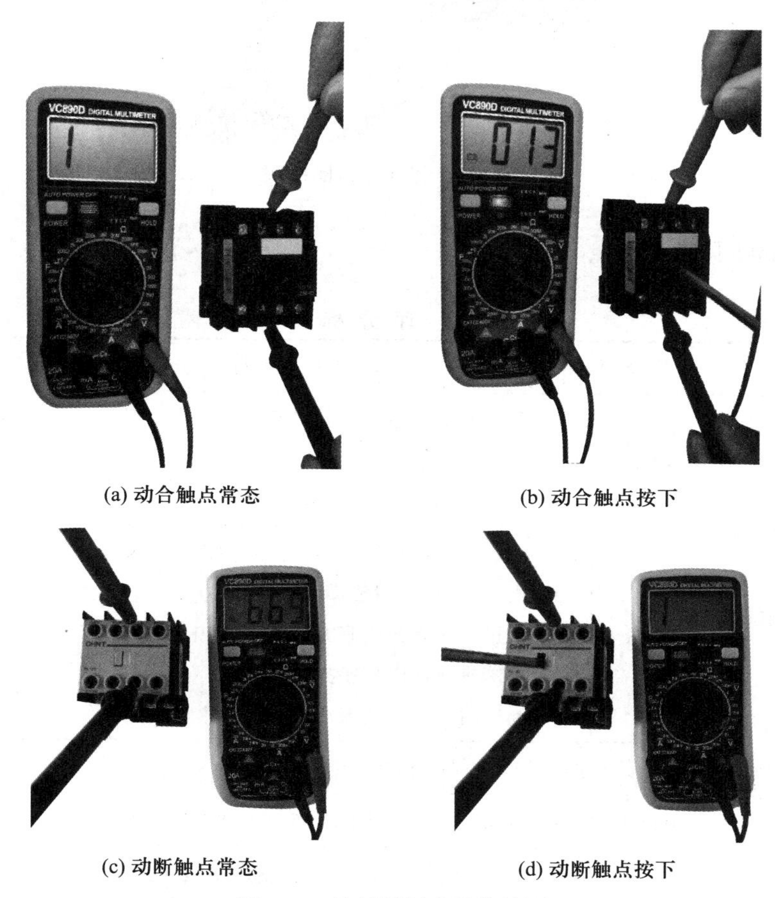

(a) 动合触点常态　(b) 动合触点按下

(c) 动断触点常态　(d) 动断触点按下

图5–21　接触器触头模块检测

2. 线圈电阻值测量

选择万用表电阻 2k 挡，测量线圈电阻值，若所测得的阻值在 1~2 kΩ 之间，则可视为正常，如图 5–22 所示；若阻值为显示为 1，则可视为线圈断路；若阻值接近 0，可视为线圈短路。

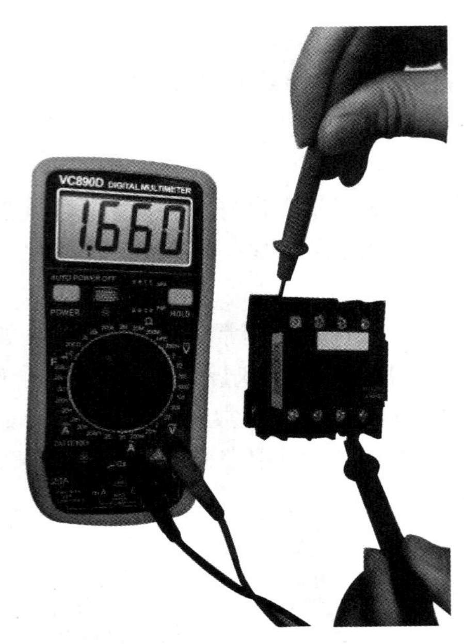

图5–22　接触器线圈检测

八、评分标准(见表 5–5)

表5–5　评 分 标 准

<table>
<tr><td>项目内容</td><td colspan="4">配分</td><td>评分标准</td><td>扣分</td></tr>
<tr><td>识别接触器</td><td colspan="4">40 分</td><td>(1)写错或漏写型号每只扣 5 分
(2)符号错误每项扣 5 分
(3)主要结构、工作原理错误酌情扣分</td><td></td></tr>
<tr><td>交流接触器的拆解、安装、检测</td><td colspan="4">60 分</td><td>(1)拆装方法不正确或不会拆装扣 20 分
(2)损坏、丢失或漏装零件每件扣 10 分
(3)未进行检修或检修方法不正确扣 10 分
(4)不能进行通电校验扣 20 分
(5)通电时有振动或噪声扣 10 分</td><td></td></tr>
<tr><td>安全文明生产</td><td colspan="5">违反安全文明生产规程扣 5~40 分</td><td></td></tr>
<tr><td>定额时间</td><td colspan="5">60 min,每超过 5 min(不足 5 min,以 5 min 计)扣 5 分</td><td></td></tr>
<tr><td>备注</td><td colspan="4">除定额时间外,各项目的最高扣分不应该超过配分数</td><td>成绩</td><td></td></tr>
<tr><td>开始时间</td><td></td><td>结束时间</td><td colspan="2"></td><td>实际时间</td><td></td></tr>
</table>

知识拓展

接触器常见故障及处理方法见表 5–6。

表5–6　接触器常见故障及处理方法

故障原因	可能原因	处理方法
吸不上或吸不足（即触头已闭合而铁心尚未完全吸合）	电源电压太低或波动太大	提高或稳定电源电压
	操作回路电源容量不足或发生断线、配线错误及触头接触不良	增加电源容量，更换线路，修理控制触头
	线圈技术参数及使用条件不符	更换线圈
	产品本身受损	更换新品
	触头弹簧压力太大	按要求调整触头参数
不释放或释放缓慢	触头弹簧压力过小	调整触头参数
	触头熔焊	排除熔焊故障，更换触头
	机械可动部分被卡住，转轴生锈或歪斜	排除卡住现象，修理受损零件
	反力弹簧损坏	更换反力弹簧
	铁心极面沾有污垢或尘埃	清理铁心极面
	铁心磨损过大	更换铁心
电磁铁（交流）噪声大	电源电压过低	提高操作回路电压
	触头弹簧压力过大	调整触头弹簧压力
	短路环断裂	更换短路环
	铁心极面有污垢	清理铁心极面
	电磁系统歪斜或机械系统卡阻，使铁心不能吸平	排除机械卡阻故障
	铁心极面过度磨损而不平	更换铁心
线圈过热而烧坏	电源电压过高或过低	调整电源电压
	线圈技术参数而实际使用条件不符	调换线圈或接触器
	操作频率过高	选择其他合适的接触器
	线圈匝间短路	排除短路故障，更换线圈

续表

故障原因	可能原因	处理方法
触头灼伤或熔焊	触头压力过小	调高触头弹簧压力
	触头表面有金属颗粒异物	清理触头表面
	操作频率过高，或工作电流过大，断开容量不足	调换容量较大的接触器
	长期过载使用	调换合适的接触器
	负载侧短路	排除短路故障，更换触头

知识链接——直流接触器

直流接触器简介

直流接触器主要用于远距离接通和分断额定电压 440 V、额定电流 1600 A 以下的直流电力线路，也适宜于直流电动机的频繁启动、停止、换向及反接制动，如图 5–23 所示。

直流接触器的结构和工作原理与交流接触器基本相同，主要的区别有：

（1）电磁系统的区别

铁心可用整块铸钢或铸铁制成，铁心端面也不需要嵌装短路环。在磁路中常垫有非磁性垫片，以减少剩磁影响，保证线圈断电后衔铁能可靠释放。

直流接触器发热以线圈本身发热为主。为了使线圈散热良好，常常将线圈做成长而薄的圆筒形。

（2）触头系统的区别

主触头采用滚动接触的指形触头。

辅助触头多采用双断点桥式触头，可有若干对。

（3）灭弧装置的区别

直流接触器一般采用磁吹式灭弧装置结合其他灭弧方法灭弧。

图5–23　直流接触器的外形图

项目六　继　电　器

任务一　认识中间继电器

中间继电器用于继电保护与自动控制系统中，以增加触点的数量及容量。它用于在控制电路中传递中间信号。中间继电器的结构和原理与交流接触器基本相同，与接触器的主要区别在于：接触器的主触头可以通过大电流，而中间继电器的触头只能通过小电流。因此，中间继电器只能用于控制电路中。

学习目标

本任务的主要内容就是认识常用的中间继电器，了解其结构和原理，并掌握其拆装及检修的基本方法。具体要求如下：

1. 熟悉常用中间继电器的功能、基本结构、工作原理及型号含义，熟记其电气图形符号和文字符号

2. 会识别、选用、拆解、检修常用中间继电器

任务 1-1　初识中间继电器

一、外形

中间继电器的种类很多，常用中间继电器的外形图如图 6-1 所示。

(a) JZ7系列

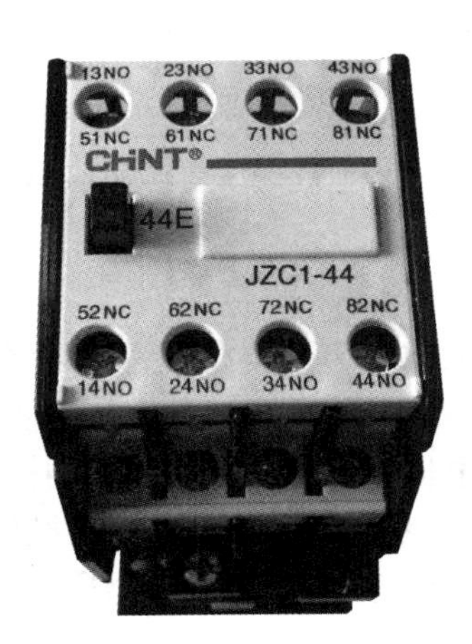

(b) JZC1系列

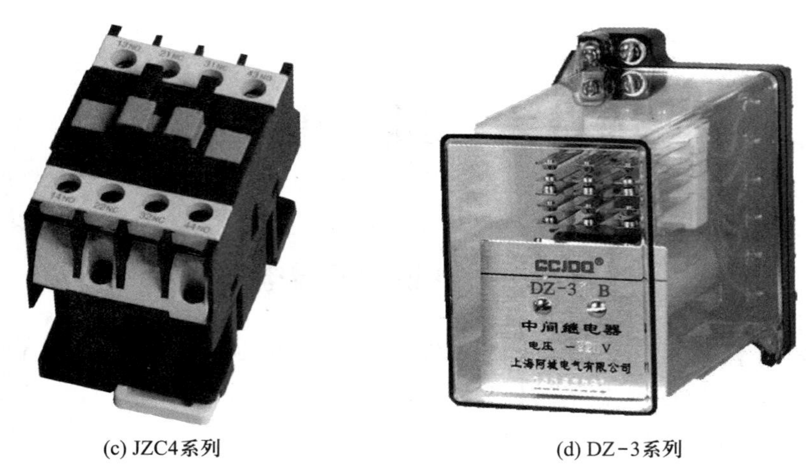

(c) JZC4系列 (d) DZ-3系列

图6-1 常用中间继电器的外形图

二、电气图形符号

中间继电器的电气图形符号如图 6-2 所示。

图6-2 中间继电器的电气图形符号

三、型号与含义

JZC1 系列中间继电器型号与含义:

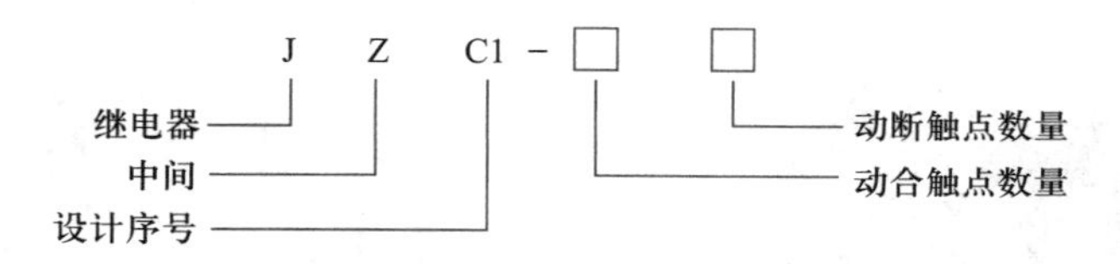

四、分类

中间继电器大致分为两类:静态型和电磁型。

1. 静态型

静态中间继电器用于各种保护和自动控制线路中。此类继电器由电子元器件和精密小型继电器等构成,是电力系列中间继电器更新换代首选产品。静态中间继电器的特点如下:

(1)静态中间继电器采用线圈电压较低的多个优质密封小型继电器组合而成,防潮、防尘、不断线,可靠性高,克服了电磁型中间继电器导线过细易断线的缺点。

(2)功耗小,温升低,不需外附大功率电阻,可任意安装及接线方便。

（3）继电器触点容量大，工作寿命长。

（4）继电器动作后有发光管指示，便于现场观察。

（5）延时只需用面板上的拨码开关整定，延时精度高，延时范围可在 0.02~5.00 s 内任意整定。

2. 电磁型

当继电器线圈施加激励量等于或大于其动作值时，衔铁被吸向导磁体，同时衔铁压动触点弹片，使触点接通、断开或切换被控制的电路。当继电器的线圈被断电或激励量降低到小于其返回值时，衔铁和接触片返回到原来位置。

任务 1–2　拆解中间继电器（以图 6–3 所示 JZC1–44 中间继电器为例）

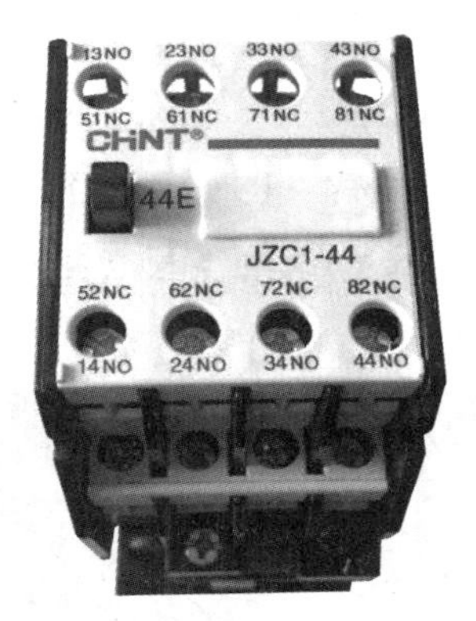

图6–3　JZC1–44中间继电器

步骤 1：拆解触头模块

1. 取出接线端子

用螺丝刀轻轻地把塑料卡扣往外面推，用镊子夹住接线端子或用螺丝刀，把接线端子向外取出，用尖嘴钳夹住动断触点，轻轻地左右转动，再慢慢地拉出来，注意不要让弹簧弹出，如图 6–4 所示。

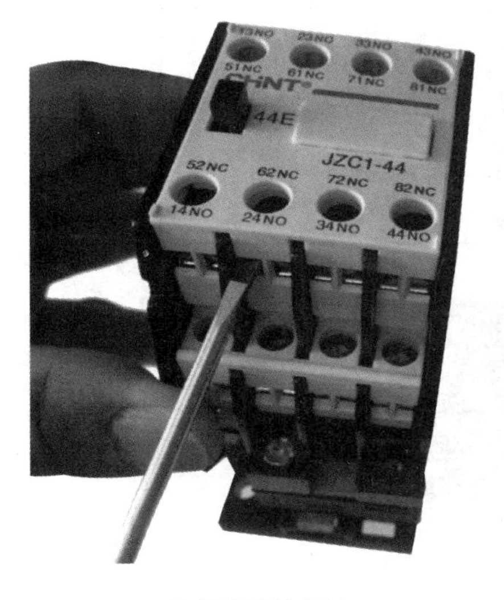

(a) 推出塑料卡扣

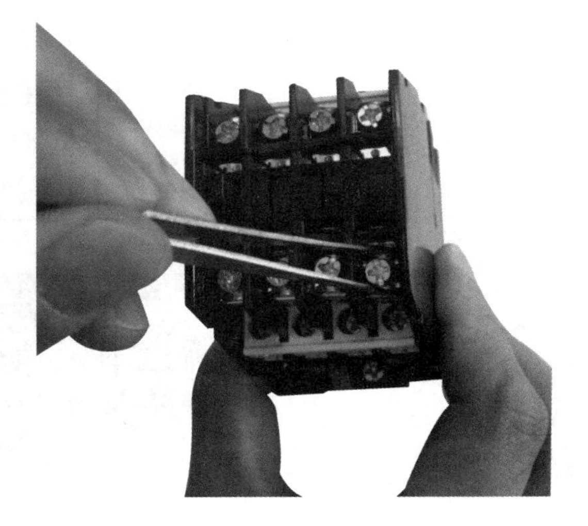

(b) 夹出动断接线端子

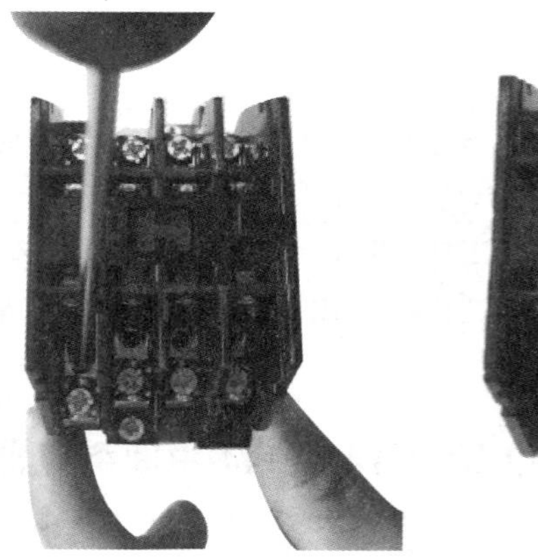

(c) 取出动合接线端子　　(d) 取出端子后的中间继电器

图6-4　取出接线端子

2. 拆解后的中间继电器的触头及触头机构(如图 6-5 所示)

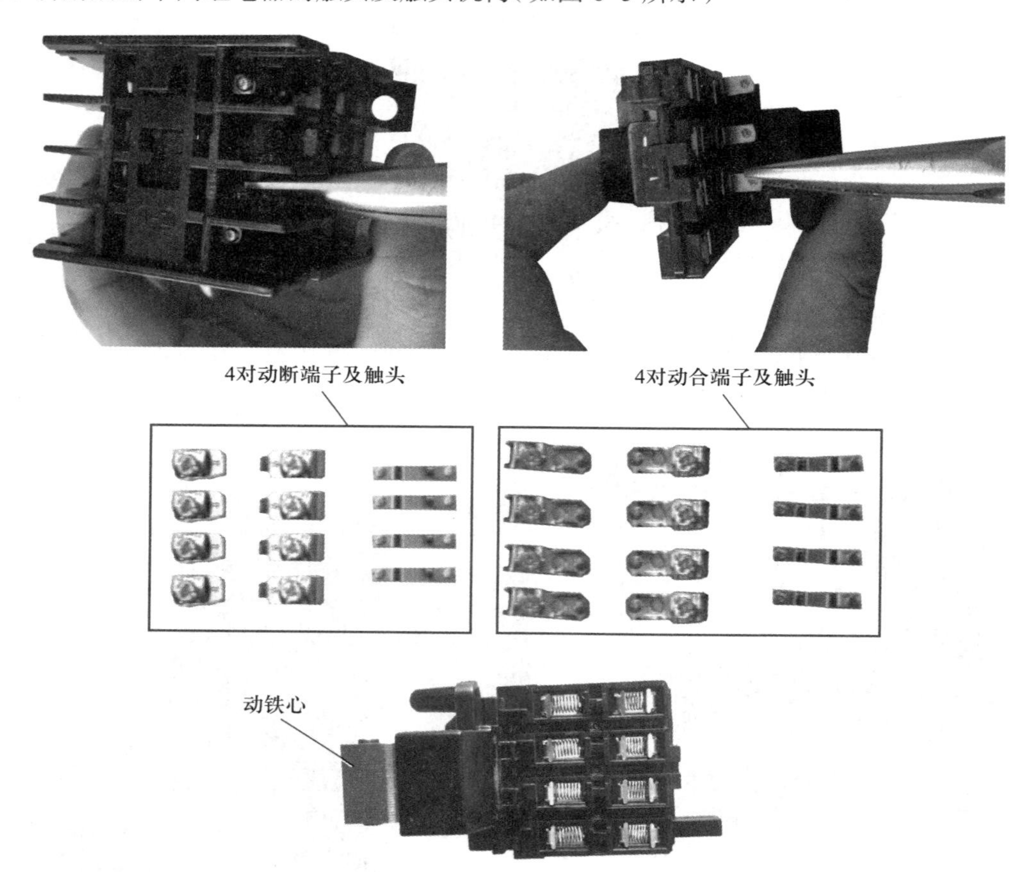

图6-5　中间继电器的触头及触头机构

步骤 2 :拆解操作机构模块

① 取出反作用弹簧，如图 6-6 所示。

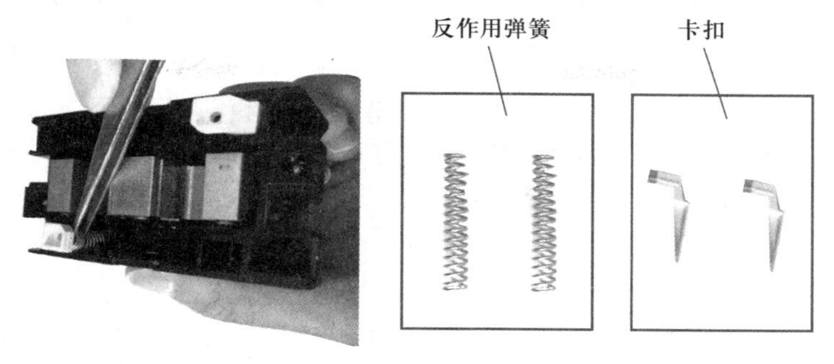

图6-6　反作用弹簧

② 拆解底座部分：铁心、衔铁、线圈、反作用弹簧等，如图 6-7 所示。

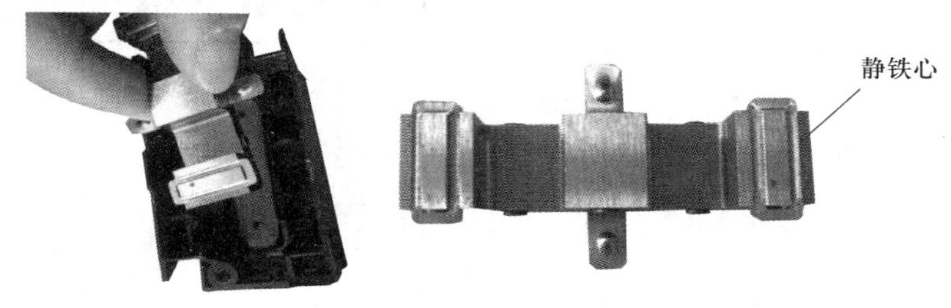

(a) 取出线圈

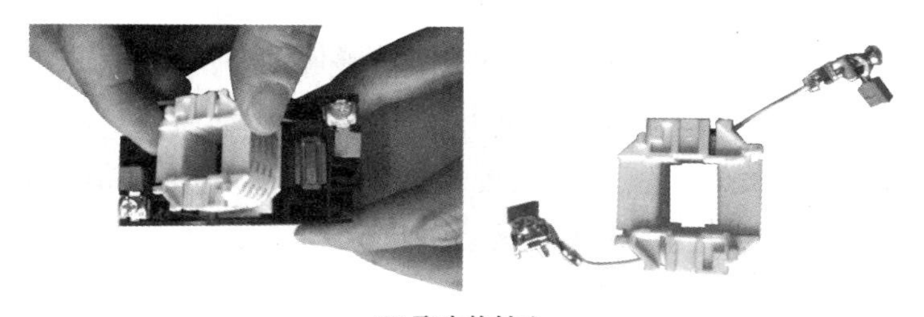

(b) 取出静铁心

图6-7　拆解线圈和静铁心

底座部分拆解完成，如图 6-8 所示。

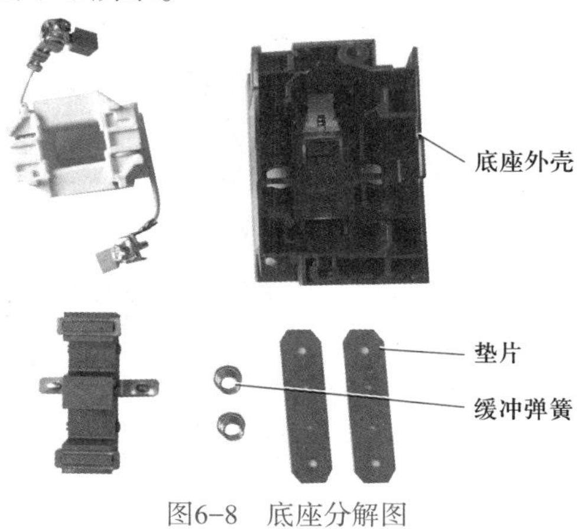

图6-8　底座分解图

任务 1-3　探究中间继电器工作原理

在电气控制设备中常用的中间继电器有 JZ7、JZ14、JZC1-44 等系列。各系列中间继电器的外形不尽相同，但它们的基本结构大体相同，都是由电磁系统、触点系统和外壳组成。在某种中间继电器元件的基础上，装置不同的操作机构，就可得到各种不同形式的中间继电器。图 6-9 所示为 JZC1-44 系列中间继电器的整体分解图。

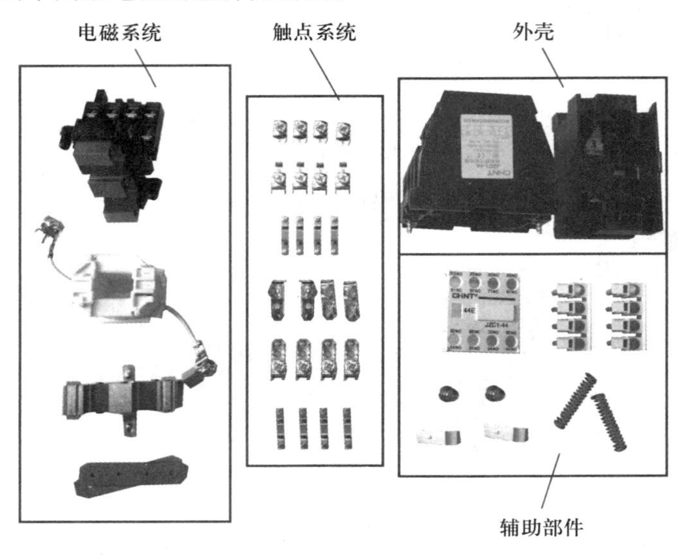

图6-9　JZC1-44系列中间继电器的整体分解图

从图 6-9 中可以看出，JZC1-44 系列中间继电器的结构与工作原理与接触器基本相同，其结构由铁心、衔铁、线圈、触点系统、反作用弹簧、缓冲弹簧等组成。铁心和衔铁也是用 E 形硅钢片叠装而成，线圈置于铁心中柱，组成双 E 形直动式电磁系统。触点采用双断点桥式结构，分上下两层，各有 4 对触点，下层触点只能是动合触点，所以触点系统可按 8 动合、6 动合与 2 动断及 4 动合与 4 动断组合。

任务 1-4　中间继电器的主要技术参数

（1）线圈额定电压一般分为交流 12 V、24 V、36 V、110 V、220 V、380 V；

（2）中间继电器适用于长期工作，间断长期工作制和操作频率不大于 2 000 次 /h，通电持续率为 40% 的反复短时工作制；

（3）触点额定电流为 5 A；

（4）JZC1 系列中间继电器的主要技术参数见表 6-1。

表6-1　JZC1系列中间继电器的主要技术参数

型号	额定工作电流 /A			机械寿命 /（$\times 10^6$ 次）	吸合线圈功率消耗			
	220 V	380 V	660 V					
JZC1-44	10	5	3	10	保持	吸合	保持	吸合

任务 1-5　中间继电器的选用及使用注意事项

1. 中间继电器的选用

除应满足中间继电器的工作条件和安装条件外，其主要技术参数的选用方法如下：

（1）根据使用场合及控制对象选用种类；

（2）根据安装环境选用防护形式；

（3）根据控制电路的额定电压和额定电流选用系列。

2. 中间继电器的使用注意事项

（1）中间继电器的触头较多，有 8 对、6 对等，并分动合触点和动断触点。但触头的容量较小，没有主、辅触头之分，也没有灭弧装置，因此，在应用中间继电器控制电动机启停时，只能用额定电流小于 5 A 的小型电动机，并选用一种最大型号的中间继电器控制。

（2）中间继电器的工作线圈的额定电压有多种，在应用中一定要使接入中间继电器线圈的工作电压符合中间继电器线圈的额定电压的要求。

任务 1-6　中间继电器的拆装与检修

一、工具、仪表及器材

1. 器材准备：MY2N-J 系列、JZ7 系列、JZ14 系列、JZC1 等系列中间继电器，并编号

2. 选择工具仪表：电工常用工具、镊子等，数字式万用表

二、识别中间继电器

在指导教师的指导下，识别所给中间继电器，仔细观察各种不同型号、规格的中间继电器，熟悉它们的外形、型号，注意识别动合触头和动断触头、线圈的接线柱等。记录型号与规格、含义，画出电气图形符号，记录在表 6-2 中。

表6-2　识别中间继电器

序号	名称	型号与规格	型号含义	电气图形符号
1				
2				
3				
4				

三、识读使用手册（说明书）

根据所给中间继电器的使用手册，熟悉中间继电器主要技术参数的意义、结构、工作原理，安装使用方法。

四、拆解 MY2N-J 系列中间继电器

根据相应的操作步骤，拆解中间继电器，并把数据记录在表 6-3 中。

表6–3 中间继电器的拆装与检测

<table>
<tr><td colspan="2" rowspan="2">型号</td><td colspan="2" rowspan="2">容量 /A</td><td rowspan="2">拆装步骤</td><td rowspan="2">检测记录</td><td colspan="2">主要零部件</td></tr>
<tr><td>名称</td><td>作用</td></tr>
<tr><td colspan="2"></td><td colspan="2"></td><td rowspan="11"></td><td rowspan="11"></td><td rowspan="3"></td><td rowspan="3"></td></tr>
<tr><td colspan="4">触点对数</td></tr>
<tr><td colspan="2">动合触点</td><td colspan="2">动断触点</td></tr>
<tr><td colspan="2"></td><td colspan="2"></td><td rowspan="2"></td><td rowspan="2"></td></tr>
<tr><td colspan="4">触点电阻</td></tr>
<tr><td colspan="2">动合</td><td colspan="2">动断</td><td rowspan="2"></td><td rowspan="2"></td></tr>
<tr><td>动作前</td><td>动作后</td><td>动作前</td><td>动作后</td></tr>
<tr><td></td><td></td><td></td><td></td><td rowspan="2"></td><td rowspan="2"></td></tr>
<tr><td colspan="4">电磁线圈</td></tr>
<tr><td colspan="2">工作电压</td><td colspan="2">直流电阻</td><td rowspan="2"></td><td rowspan="2"></td></tr>
<tr><td colspan="2"></td><td colspan="2"></td></tr>
</table>

五、检修

（1）检查触点的磨损程度，严重时需更换。
（2）清除铁心端面的油垢，检查铁心有无变形及端面接触是否平整。
（3）检查触点压力弹簧及反作用弹簧是否变形或弹力不足。
（4）检查线圈是否存在短路、断路及发热变色现象。
（5）将检修记录填入表 6–3。

六、组装

按照如下顺序组装：
（1）装入静铁心。
（2）装入线圈支架。
（3）装入缓冲弹簧。
（4）将各动触头按标准位置装入动触头架。
（5）装入动铁心盖上塑料外壳并拧紧紧固螺钉。

七、检测

用万用表电阻挡检查线圈及各触点是否良好，用手按住动触点，检查运动部分是否灵活，以防产生接触不良、振动和噪声，将检测结果填入表 6–3。

1. 触头测量

动合触点检测：把万用表置于通断挡，检测常态时动合触点，如图 6–10（a）所示，万用表显示为 1，再按下动铁心，如图 6-10（b）中万用表显示约为 0，则动合触点正常，否则为不正常。

动断触点检测：把万用表置于通断挡，检测常态时动断触点，如图 6-10（c）所示，万用表显示约为 0，再按下动铁心，如图 6-10（d）中万用表显示为 1，则动断触点正常，否则为不正常。

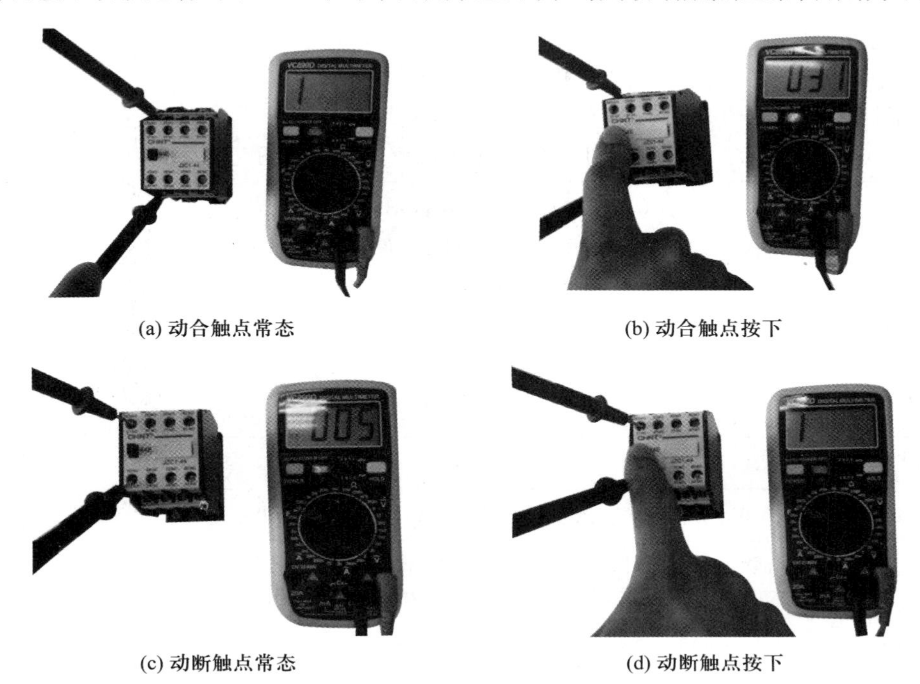

(a) 动合触点常态　　(b) 动合触点按下

(c) 动断触点常态　　(d) 动断触点按下

图6-10　中间继电器触头模块检测

2. 线圈电阻值测量

选择万用表电阻 200 Ω 挡，测量线圈电阻值，若所测得的阻值约 16 Ω，则可视为正常，如图 6-11 所示；若阻值为显示为 1，则可视为线圈断路；若阻值接近 0 Ω，可视为线圈短路。

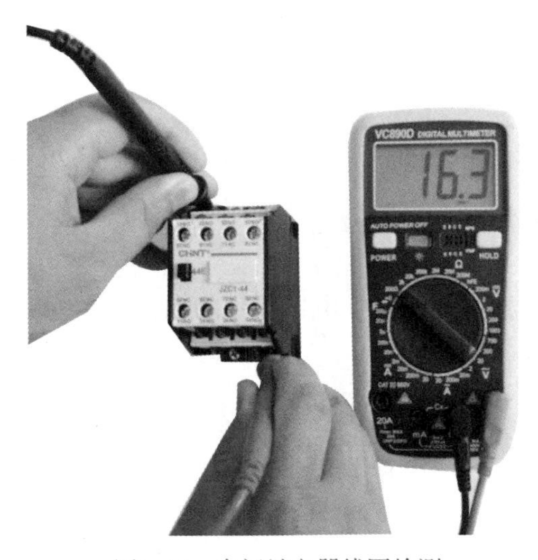

图6-11　中间继电器线圈检测

八、评分标准(见表 6-4)

表6-4 评 分 标 准

<table>
<tr><th>项目内容</th><th>配分</th><th colspan="4">评分标准</th><th>扣分</th></tr>
<tr><td>识别中间继电器</td><td>40 分</td><td colspan="4">(1)写错或漏写型号每只扣 5 分
(2)符号错误每项扣 5 分
(3)主要结构、工作原理错误酌情扣分</td><td></td></tr>
<tr><td>中间继电器的拆装、检修与检测</td><td>60 分</td><td colspan="4">(1)拆装方法不正确或不会拆装扣 20 分
(2)损坏、丢失或漏装零件每件扣 10 分
(3)未进行检修或检修方法不正确扣 10 分
(4)不能进行通电校验扣 20 分
(5)通电时有振动或噪声扣 10 分
(6)未进行检修或检修方法不正确扣 10 分</td><td></td></tr>
<tr><td>安全文明生产</td><td colspan="5">违反安全文明生产规程扣 5~40 分</td><td></td></tr>
<tr><td>定额时间</td><td colspan="5">30 min,每超过 5 min(不足 5 min,以 5 min 计)扣 5 分</td><td></td></tr>
<tr><td>备注</td><td colspan="4">除定额时间外,各项目的最高扣分不应该超过配分数</td><td>成绩</td><td></td></tr>
<tr><td>开始时间</td><td colspan="2"></td><td>结束时间</td><td></td><td>实际时间</td><td></td></tr>
</table>

任务二 认识电流继电器

电流继电器是电力系统继电保护中最常用的元件。电流继电器具有接线简单、动作迅速可靠、维护方便、使用寿命长等优点,作为保护元件广泛应用于电动机、变压器和输电线路的过载和短路的继电保护线路中。电流继电器可以根据电路中电流大小进行电路的过电流或欠电流保护,使用时其电流线圈直接串联在被控电路中。

学习目标

1. 理解电流继电器的作用和工作原理
2. 了解电流继电器的分类
3. 掌握电流继电器的结构以及电流继电器型号的含义
4. 会选择电流继电器类型

一、外形

常用电流继电器的外形图如图 6-12 所示。

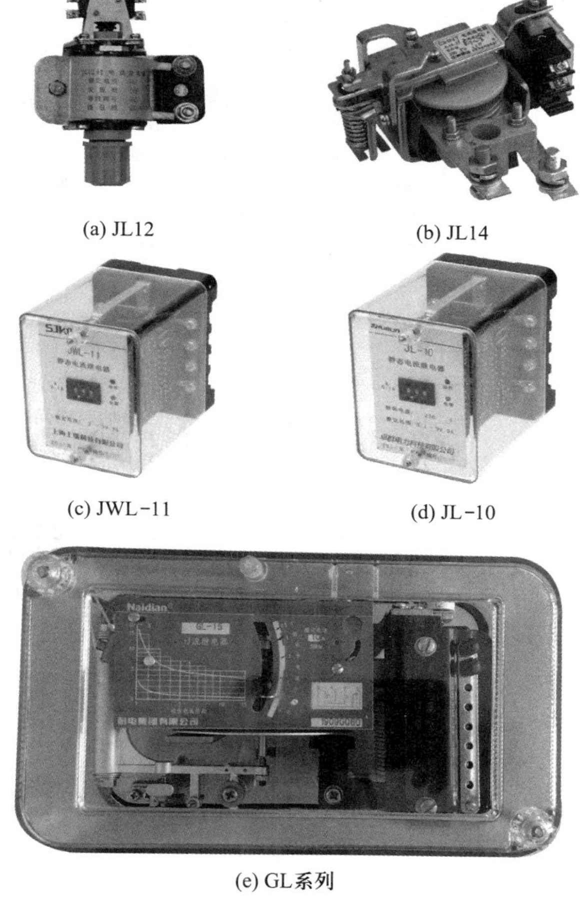

(a) JL12　(b) JL14

(c) JWL-11　(d) JL-10

(e) GL系列

图6-12　常用电流继电器的外形图

二、电气图形符号

电流继电器的电气图形符号如图 6-13 所示。

图6-13　电流继电器的电气图形符号

三、型号与含义

常用电流继电器型号为 JT4、JWL11、JL14 系列,其型号的含义如图 6-14 所示。

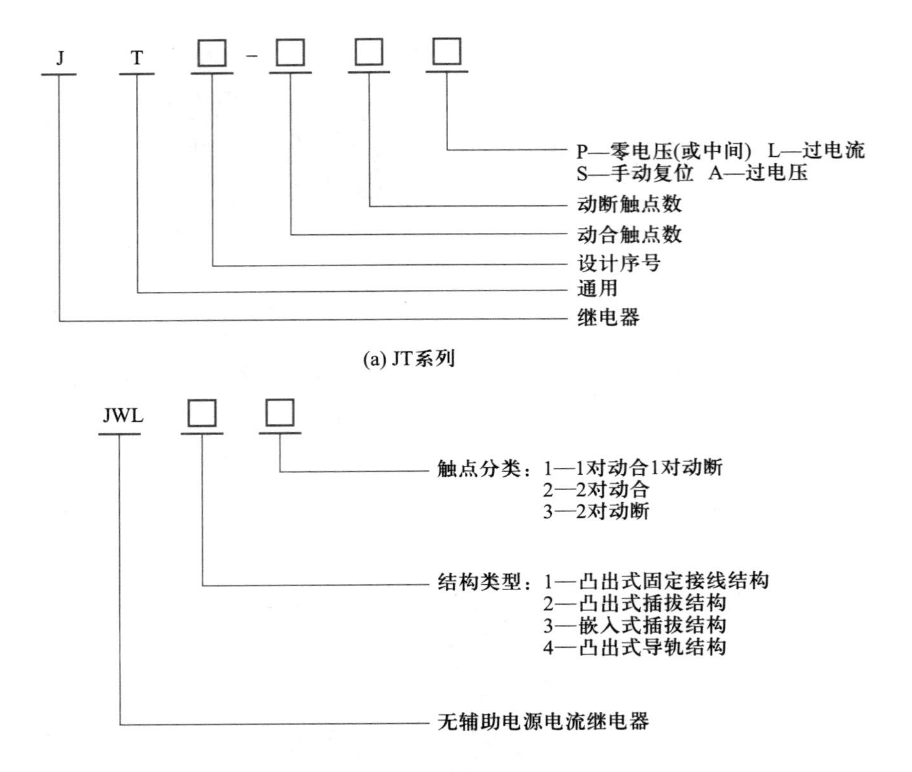

(a) JT系列

(b) JWL系列

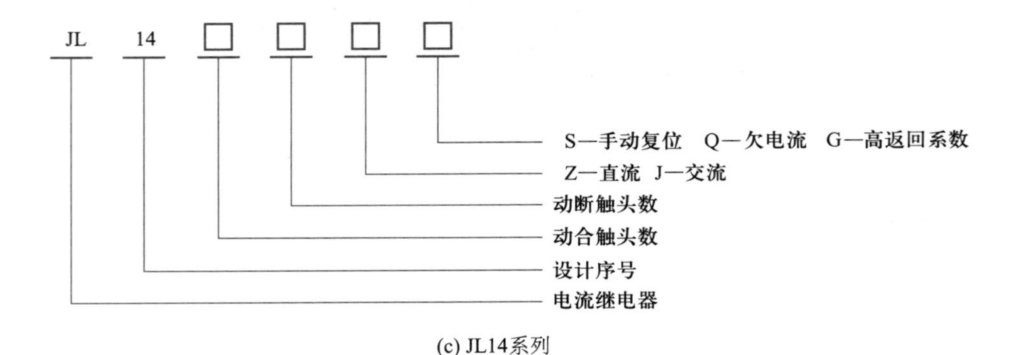

(c) JL14系列

图6-14 常用电流继电器型号及其含义

四、分类

电流继电器按照一般的分类方法,大致有以下几种:

（1）按结构类型,分为电磁式电流继电器、静态电流继电器。

（2）按安装方式,分为导轨电流继电器、固定式电流继电器。

（3）按电流动作,分为过电流继电器、欠电流继电器。

（4）按时性曲线,分为定时限电流继电器、反时限电流继电器。

（5）按使用场合，分为小型控制类继电器、二次回路保护继电器。

五、探究电流继电器的工作原理

JL14−11J 型电流继电器的结构如图 6−15 所示。

（1）电磁系统包括电流线圈、铁心、衔铁、磁轭和反作用弹簧等。

（2）触点系统包括 2 对瞬时触点（1 对动合、1 对动断）。

（3）传动机构包括支架、杠杆等。

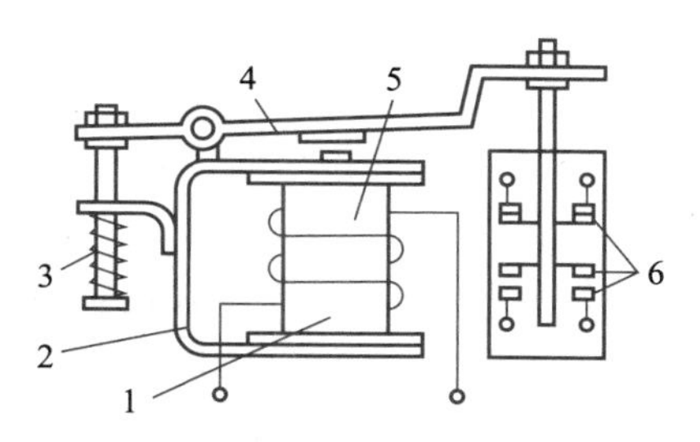

图6−15　JL14−11J型电流继电器的结构

1—铁心　2—磁轭　3—反作用弹簧　4—衔铁　5—电流线圈　6—动断动合触头

电流继电器是根据电流信号工作的，根据线圈电流的大小来决定触点动作。电流继电器的线圈的匝数少而线径粗，使用时其线圈与负载串联。按线圈电流的种类可分为交流电流继电器和直流电流继电器；按动作电流的大小又可分为过电流继电器和欠电流继电器。

对于过电流继电器，工作时负载电流流过线圈，一般选取线圈额定电流（整定电流）等于最大负载电流。当负载电流不超过整定值时，衔铁不产生吸合动作。当负载电流高出整定电流时衔铁产生吸合动作，所以称为过电流继电器。过电流继电器在电路中起过流保护作用特别是对于冲击性过流具有很好的保护效果。

对于欠电流继电器，当线圈电流达到或大于动作电流值时，衔铁吸合。当线圈电流低于动作电流值时衔铁立即释放，所以称为欠电流继电器。正常工作时，由于负载电流大于线圈动作电流，衔铁处于吸合状态。当电路的负载电流降至线圈释放电流值以下时，衔铁释放。欠电流继电器在电路中起欠电流保护作用。在交流电路中需要欠电流保护的情况比较少见，所以产品中没有交流欠电流继电器。而在某些直流电路中，欠电流会产生严重的不良后果，如运行中的直流他励电动机的励磁电流，因此有直流欠电流继电器。

六、电流继电器的主要技术参数

1. 功率消耗

交流回路功耗：小于 0.5 V · A（交流额定值 5 A 时）；

2. 整定误差

（1）在整定值范围内，整定平均误差的绝对值不大于 3%。

$$平均误差 =（5 次测量平均值 - 整定值）/ 整定值 \times 100\%$$

（2）在标准条件下，同一整定值上测量的 5 次动作值的最大值和最小值应不大于 4%。

（3）在 −10 ℃ ~50 ℃的温度下，任一整定点误差的绝对值应不大于整定值的 5%。

（4）在辅助电压 80%~110% 变化范围内，任一整定值整定误差的绝对值应不大于 4%。

3. 动作时间

1.1 倍整定值的动作时间不大于 30 ms；2 倍整定值的动作时间不大于 20 ms。

返回系数：0.90~0.95。

返回时间：不大于 27 ms。

七、电流继电器的选用及注意事项

选择电流继电器一般应注意三个方面：

（1）电流继电器的额定电流一般可按电动机长期工作的额定电流来选择。对于频繁启动的电动机额定电流可选大一个等级。

（2）电流继电器的触点种类数量，额定电流及复位方式应满足控制线路的要求。

（3）过电流继电器的整定电流一般取电动机额定电流的 1.7~2 倍，频繁启动的场合可取电动机额定电流的 2.25~2.5 倍。欠电流继电器的整定电流一般取额定电流的 0.1~0.2 倍。

在使用电流继电器时应注意必须保证在控制电路中的电源电压可以为电流继电器提供最大的电流。然后必须要注意到被控制电路中的电压和电流是否符合标准，再就是看一下被控制电路需要什么形式的触点。

八、电流继电器的维修

（1）安装前应检查电流继电器的额定电流和整定电流值是否符合实际使用要求，电流继电器的动作部分是否灵活、可靠，外罩及壳体是否有损坏或缺件等情况。

（2）安装后应在触点不通电的情况下，使吸引线圈通电操作几次，看电流继电器动作是否可靠。

（3）定期检查电流继电器各零部件是否有松动及损坏现象，并保持触点的清洁。

任务三　认识电压继电器

电压继电器是一种电子控制器件，它具有控制系统（又称输入回路）和被控制系统（又称输出回路），通常应用于自动控制电路中，它实际上是用较小的电流去控制较大电流的一种“自动开关”。故在电路中起着自动调节、安全保护、转换电路等作用。主要用于发电机、变压器和输电线的继电保护装置中，作为过电压保护或低电压闭锁的启动原件。将电压继电器线圈并联接入在主电路中，感测主电路的线路电压，根据线圈两端电压大小而接通或断开电路的继电器称为电压继电器。电压继电器的过电压参数整定值一般为被保护线路额定电压的 1.05~1.2 倍。

学习目标

1. 理解电压继电器的作用和工作原理
2. 了解电压继电器的分类

3. 掌握电压继电器的结构以及型号含义
4. 会选择电压继电器类型
5. 会区分、判断电流继电器和电压继电器

一、外形

常用电压继电器的外形图如图 6-16 所示。

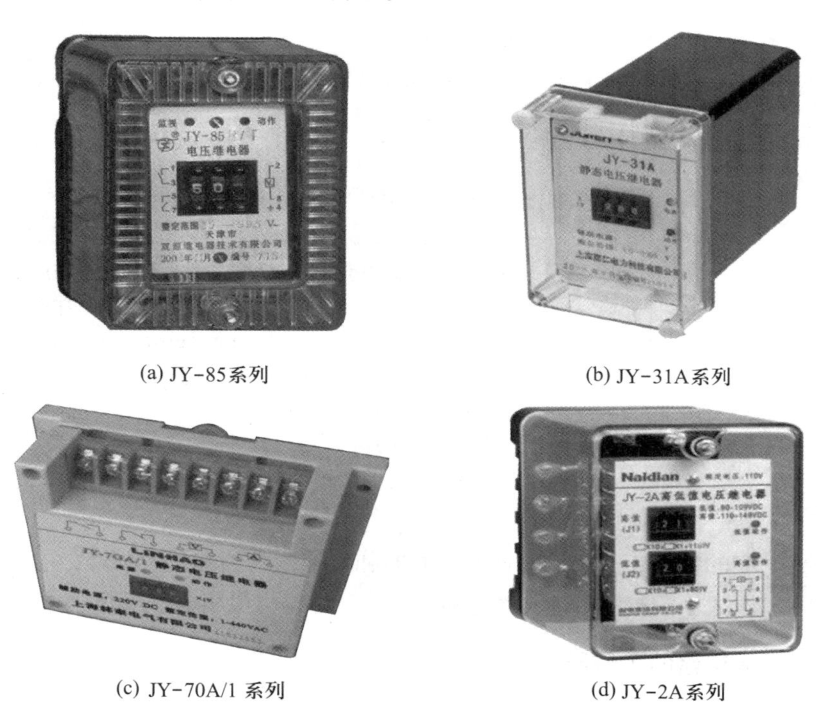

(a) JY-85系列　(b) JY-31A系列

(c) JY-70A/1 系列　(d) JY-2A系列

图6-16　常用电压继电器的外形图

二、电气图形符号

过电压继电器和欠电压继电器的电气图形符号如图 6-17 所示。

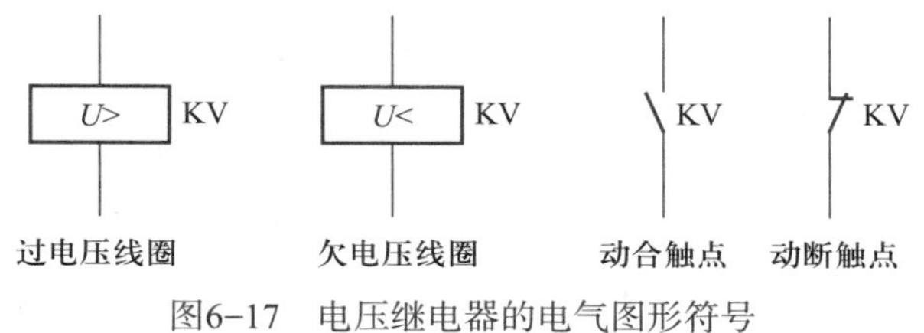

图6-17　电压继电器的电气图形符号

三、型号与含义

常见的电压继电器为 JY 系列，其型号含义如下：

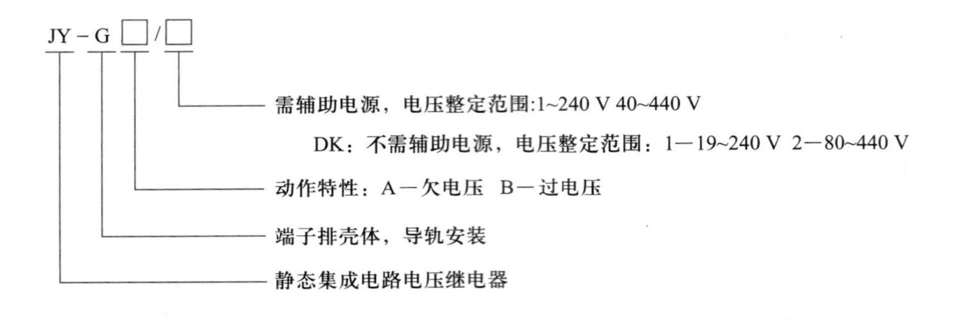

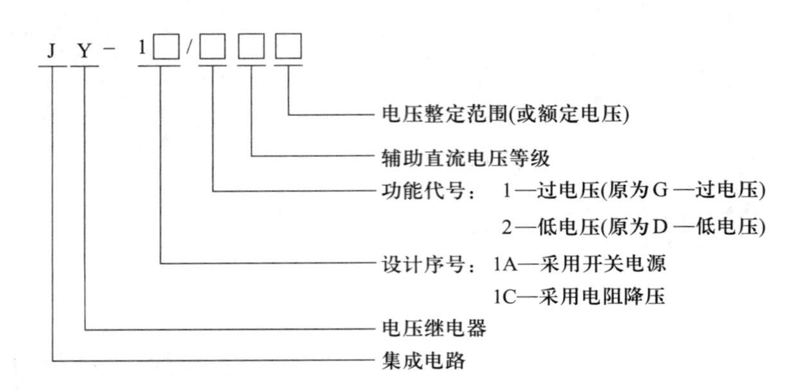

四、分类

（1）按线圈电流的种类，分为交流电压继电器和直流电压继电器。

（2）按吸合电压大小，分为过电压继电器、欠电压继电器和零电压继电器。

五、探究电压继电器的工作原理

电压继电器广泛应用于失压（电压为零）和欠压（电压小）保护电路中。所谓失压和欠压保护就是当由于某种原因电源电压降低过多或暂时停电时，电动机即自动与电源断开。另外还有过电压继电器，它是当电路电压超过一定值时，因电磁铁吸力而切断电源的继电器，用于过电压保护（如保护硅晶体管和晶闸管元件）。

电压继电器结构与电流继电器基本相同，只是线圈的匝数多、导线细、阻抗大，并且一般并联在主电路中使用。过电压继电器在电路电压正常时铁心与衔铁不吸合，当电压达到 1.1～1.15 倍额定电压以上时动作吸合，对电路或设备作过电压保护；欠电压继电器当电压降至 0.4～0.7 倍额定电压时动作；零电压继电器是欠电压继电器的一种特殊形式，当电压降至 0.05～0.25 倍额定电压时动作。应当注意的是欠电压继电器和零电压继电器在线路正常工作时，铁心与衔铁是吸合的，当电压降至整定值时，衔铁释放，触点状态发生改变。

六、电磁式电压继电器的主要技术参数

（1）继电器额定电压、整定范围、功率消耗、返回系数。

（2）动作值极限误差：在基准条件下，继电器各整定值极限误差不超过 ±6%。

（3）动作值一致性：在基准条件下，继电器动作值的一致性不超过 6% 整定值。

（4）过载能力：当继电器的线圈并联时，在最小整定值处，使电压均匀地自 1.05 倍整定电压升至 2.2 倍整定电压时，继电器动合触点不应有不能工作的抖动。

（5）绝缘电阻不小于 300 MΩ。

七、电压继电器选用及使用注意事项

电压继电器是根据电压信号工作的，根据线圈电压的大小来决定触点动作。电压继电器的线圈的匝数多而线径细，使用时其线圈与负载并联。

对于过电压继电器，当线圈电压为额定值时，衔铁不产生吸合动作。只有当线圈电压高出额定电压某一值时衔铁才产生吸合动作，所以称为过电压继电器。交流过电压继电器在电路中起过压保护作用。而直流电路中一般不会出现波动较大的过电压现象，因此，在产品中没有直流过电压继电器。

对于欠电压继电器，当线圈电压达到或大于线圈额定值时，衔铁吸合。当线圈电压低于线圈额定电压时衔铁立即释放，所以称为欠电压继电器。欠电压继电器有交流欠电压继电器和直流欠电压继电器之分，在电路中起欠压保护作用。

任务四　认识时间继电器

时间继电器是电气控制系统中一个非常重要的元器件，在许多控制系统中，需要使用时间继电器来实现延时控制。时间继电器是一种利用电磁原理或机械动作原理来延迟触头闭合或分断的自动控制电器。其特点是，自吸引线圈得到信号起至触头动作中间有一段延时。

学习目标

1. 熟悉常用时间继电器的功能、基本结构、动作原理及型号含义，熟记其电气图形符号
2. 会识别、拆装、检修、选用时间继电器

任务 4-1　初识时间继电器

一、外形

常用时间继电器的外形图如图 6-18 所示。

二、电气图形符号

时间继电器的电气图形符号如图 6-19 所示。

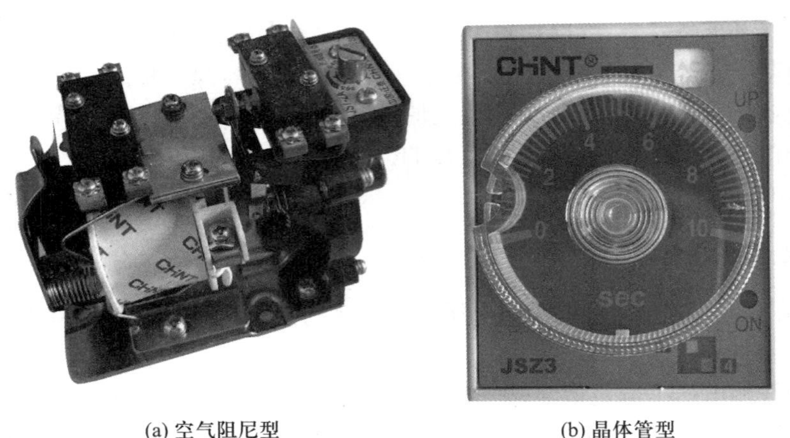

(a) 空气阻尼型　　(b) 晶体管型　　(c) 数字型

图6-18　常用时间继电器的外形图

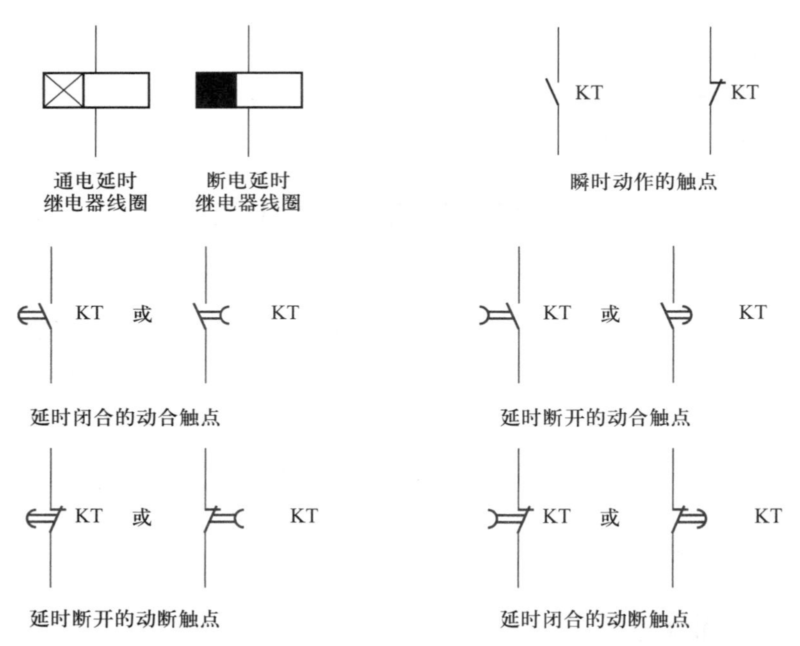

图6-19　时间继电器的电气图形符号

三、型号与含义

JS7 系列、JS20 系列、JS14P 系列时间继电器的型号与含义如下：

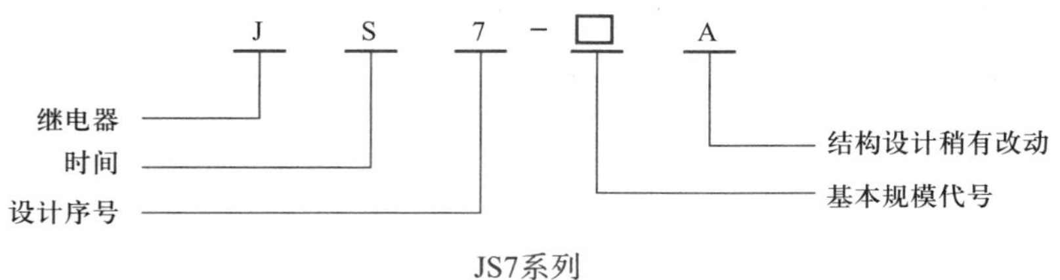

JS7系列

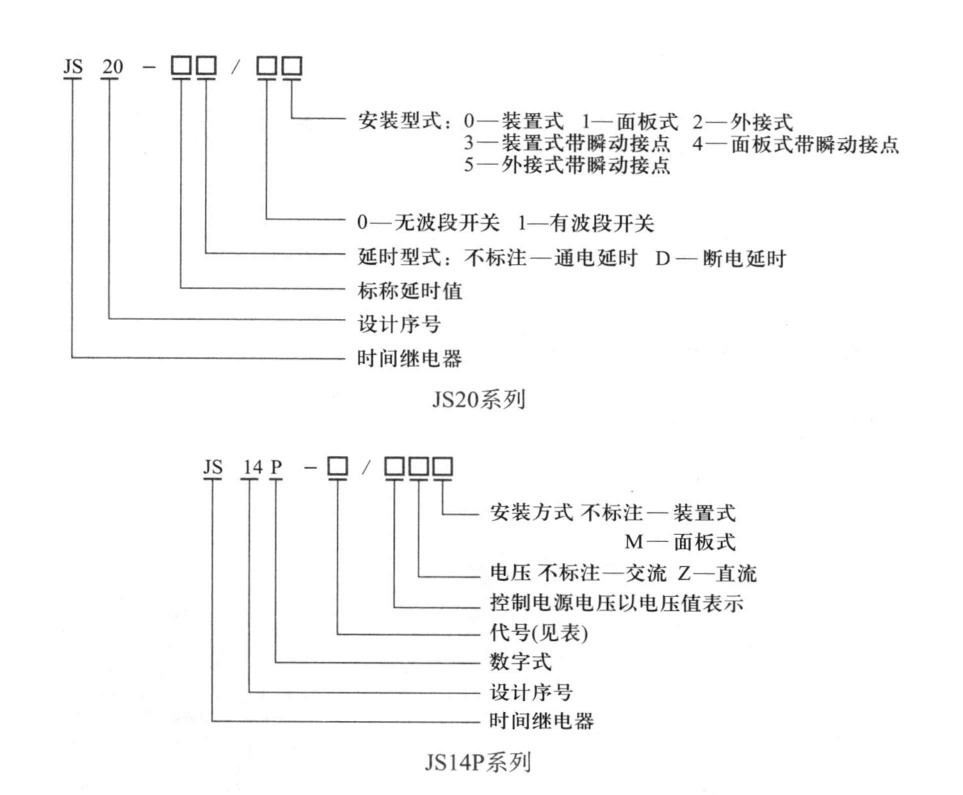

JS20系列

JS14P系列

四、分类

时间继电器的种类较多,可按动作原理和延时特点分类：

1. 按动作原理分类

主要可分为空气阻尼式、电磁式、电动式、晶体管式及数字式等几种。目前在电气控制设备中数字式时间继电器已经逐步替代其他类型的时间继电器,但在传统的控制线路中,空气阻尼式时间继电器仍在广泛使用。

空气阻尼式时间继电器的延时范围可达到数分钟,但整定精度往往较差,只适用于一般场合,如 JS7 系列;一般电磁式时间继电器的延时范围在十几秒以下,多为断电延时型,其延时整定的精度和稳定性不是很高,但继电器本身适应能力较强,常在一些要求不太高、工作条件又较恶劣的场合采用,如 JT3 系列;电动式时间继电器的延时精度高,延时可调范围大(由几分钟至十几小时),但结构复杂,价格较高,如 JS11 和 7FR 系列同步电动机式时间继电器;晶体管式时间继电器也称半导体时间继电器或电子式时间继电器,具有机械结构简单、延时范围宽、整定精度高、体积小、耐冲击和耐振动、消耗功率小、调整方便及寿命长等优点,所以发展迅速,已成为时间继电器的主流产品,应用范围越来越广。电子式时间继电器按结构可分为电容式和数字式两类;按延时方式分为通电延时、断电延时和复式延时、多制式等延时类型。常见的时间继电器有 DHC6 多制式单片机控制时间继电器, JSS17、JSS20、JSZ13 等系列大规模集成电路数字式时间继电器, JS14S 等系列电子式数显时间继电器。目前,电子式时间继电器获得了越来越广泛的应用。

2. 按延时特点分类

可分为通电延时动作型和断电延时复位型两种。通电延时动作型就是通电后开始延时，达到延时时间后，延时触点动作；断电延时复位型就是通电时不延时，其触点瞬时动作（动合触点闭合、动断触点断开），断电后，触点才开始延时复位，达到延时时间后，延时触点复位。但无论是通电延时动作型还是断电延时复位型，其瞬时触点都是瞬时动作，不受延时机构的影响。

任务 4–2　探究时间继电器的外部结构

一、JS14S 系列时间继电器的结构

JS14S 系列数显式时间继电器的结构示意图如图 6–20 所示。

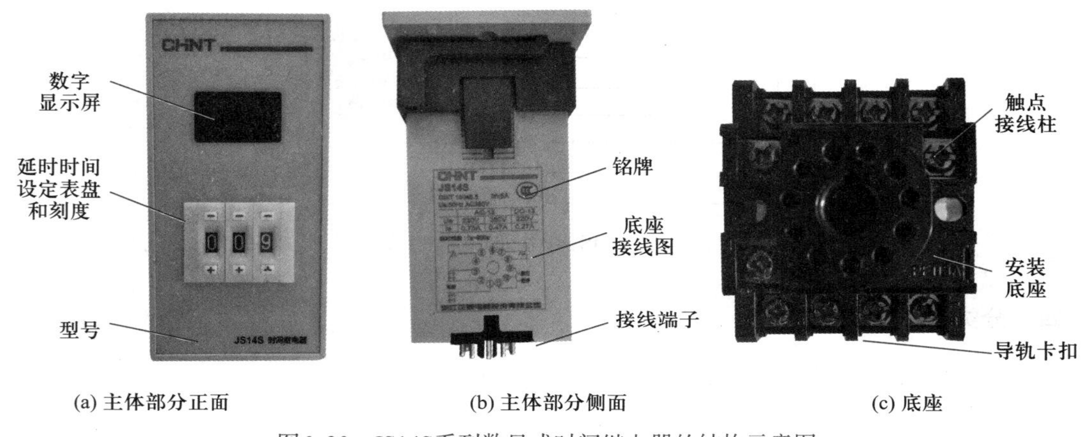

(a) 主体部分正面　(b) 主体部分侧面　(c) 底座

图6–20　JS14S系列数显式时间继电器的结构示意图

二、JS7 系列空气阻尼式时间继电器的结构

空气阻尼式时间继电器主要由电磁系统、延时机构和触点系统三部分组成。JS7 系列空气阻尼式时间继电器的结构示意图如图 6–21 所示。

（1）电磁系统：由线圈、铁心、衔铁反力弹簧及弹簧片组成。

（2）触点系统：由 2 对瞬时触点（1 对动合、1 对动断）和 2 对延时触点（1 对动合、1 对动断）组成。

（3）空气室：空气室是空腔，内有块橡皮膜，可随空气的增减而移动。空气室顶部有调节螺钉可调节延时的长短。

（4）传动机构：由推杆、活塞杆、杠杆及塔形弹簧等组成。

空气阻尼式时间继电器的电磁系统为直动式双 E 形电磁铁，延时机构采用气囊式阻尼器，触点系统是借用 LX5 型微动开关，包括 2 对瞬时触点（1 对动合、1 对动断）和 2 对延时触点（1 对动合、1 对动断）。它是利用气囊中的空气通过小孔节流的原理来获得延时动作的。

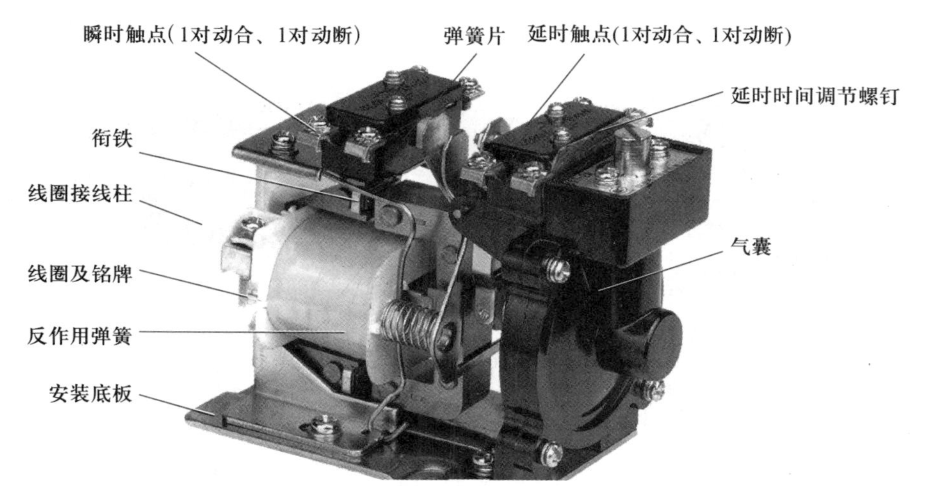

图6-21　JS7系列空气阻尼式时间继电器的结构示意图

任务 4-3　拆解时间继电器（以 JS7 系列时间继电器为例）

步骤 1：用螺丝刀拧松线圈支架紧固螺钉，取下线圈和铁心总成，如图 6-22 所示。

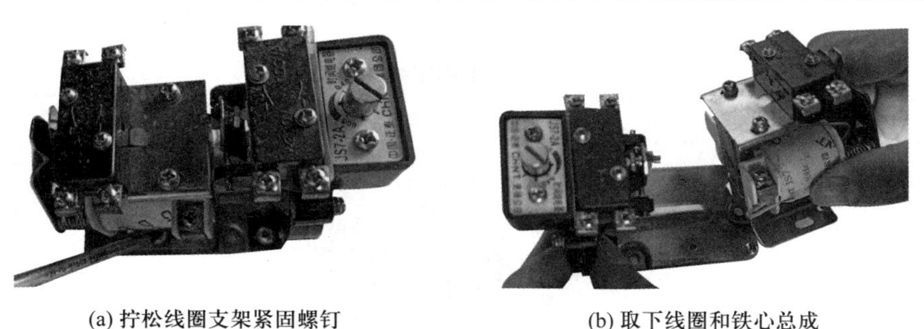

(a) 拧松线圈支架紧固螺钉　　(b) 取下线圈和铁心总成

图6-22　拧松紧固螺钉、取下线圈和铁心总成

步骤 2：取下反作用弹簧，如图 6-23 所示。

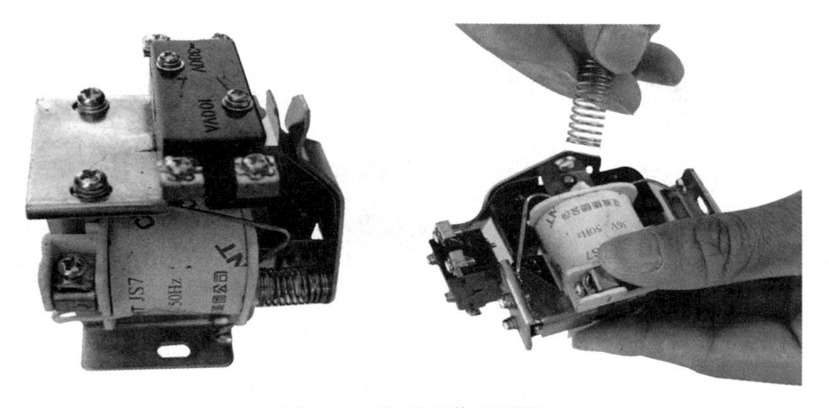

图6-23　取下反作用弹簧

步骤 3：用尖嘴钳取下固定线圈支架，如图 6-24 所示。

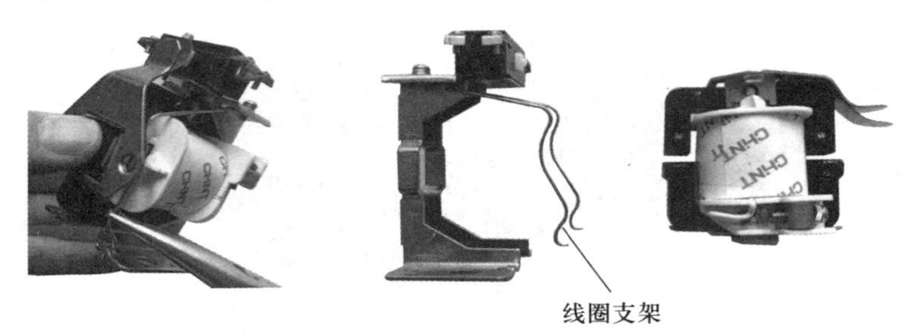

图6-24　用尖嘴钳取下固定线圈支架

步骤 4：取下固定线圈的插销，如图 6-25 所示。

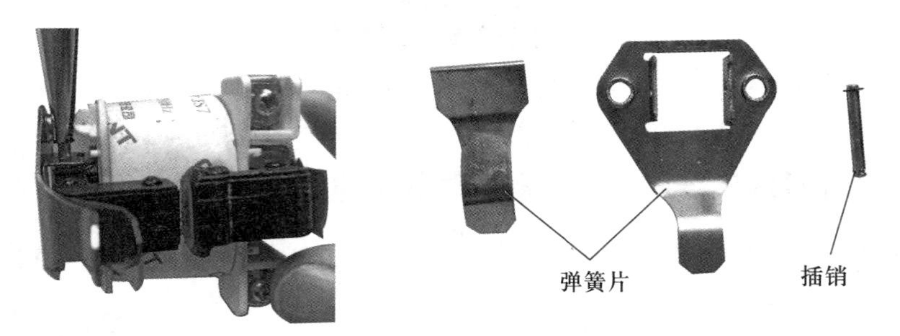

图6-25　取下固定线圈插销

步骤 5：取下铁心支架，如图 6-26 所示。

(a) 取下铁心支架

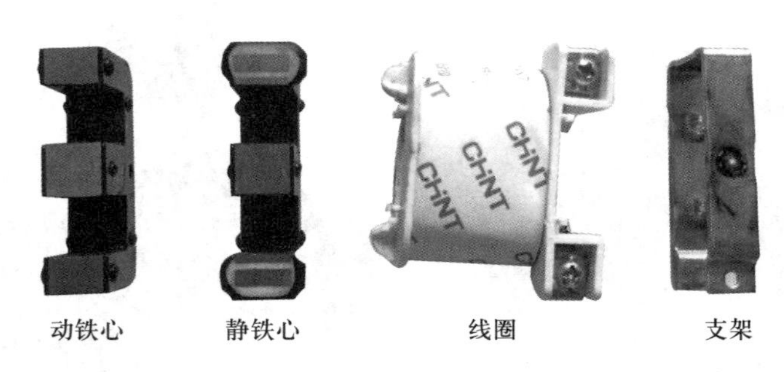

(b) 铁心部件

图6-26　取下铁心支架和铁心部件

步骤 6 :取下瞬时触点支架,如图 6-27 所示。

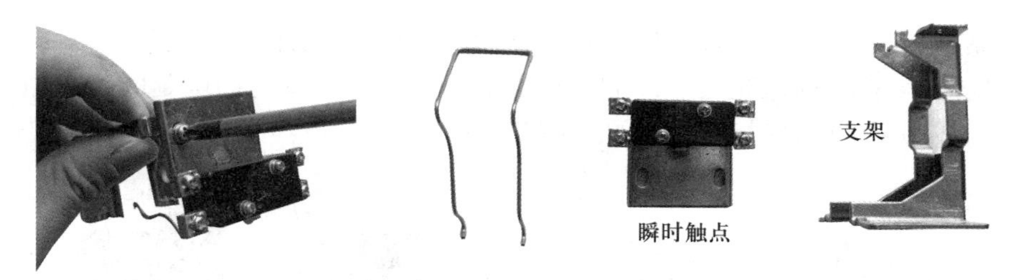

图6-27　取下瞬时触头支架

空气阻尼式时间继电器的整体分解图如图 6-28 所示。

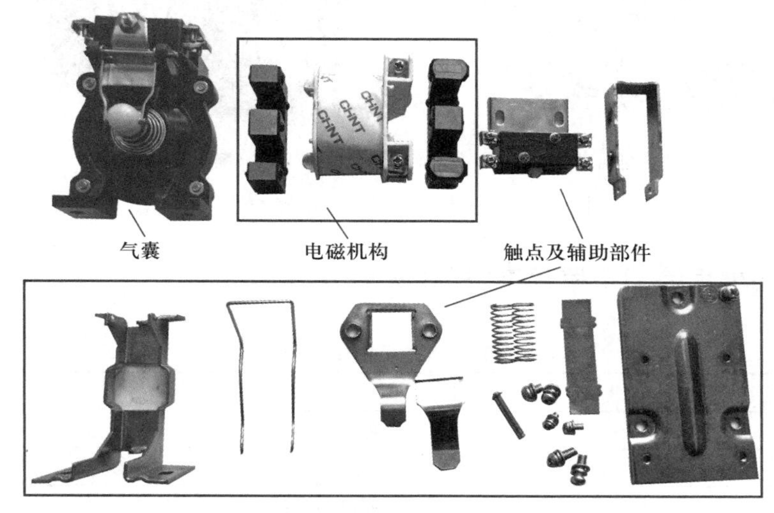

图6-28　空气阻尼式时间继电器的整体分解图

任务 4-4　探究空气阻尼式时间继电器的工作原理

一、通电延时型时间继电器的工作原理

当线圈通电后,铁心产生吸力将衔铁吸合,通过推板使微动开关 SQ2 立即动作,使其动断触点瞬时断开,动合触点瞬时闭合。同时活塞杆在塔形弹簧作用下,带动与活塞相连的橡皮膜向上运动,运动的速度受进气孔进气速度的限制。由于橡皮膜下方空气室空气稀薄,形成负压,对活塞的移动产生阻尼作用。当空气由进气孔进入时,活塞杆才带动杠杆逐渐上移。经过一段时间,移到最上端,杠杆使微动开关 SQ1 动作,使其动断触点断开,动合触点闭合。延时时间即从电磁铁吸引线圈通电时刻起到微动开关动作为止的这段时间。延时时间的长短取决于进气的快慢,通过调节螺钉可调节进气孔的大小,即可达到调节延时时间长短的目的。如图 6-29(a)所示。当线圈断电时,衔铁在反力弹簧的作用下将活塞推向最下端。此时橡皮膜下方腔内的空气通过橡皮膜、弱弹簧和活塞局部所形成的单向阀,经上气室缝隙顺利排掉,因此,延时与不延时的微动开关 SQ1、SQ2 的各对触点都瞬时复位。

二、断电延时型时间继电器的工作原理

JS7-A 系列断电延时型和通电延时型时间继电器的组成元件是通用的，只需将电磁机构翻转 180° 安装，即可得到断电延时型时间继电器。它的工作原理与通电延时型相似，微动开关 SQ3 是在吸引线圈断电后延时动作的，如图 6-29（b）所示。

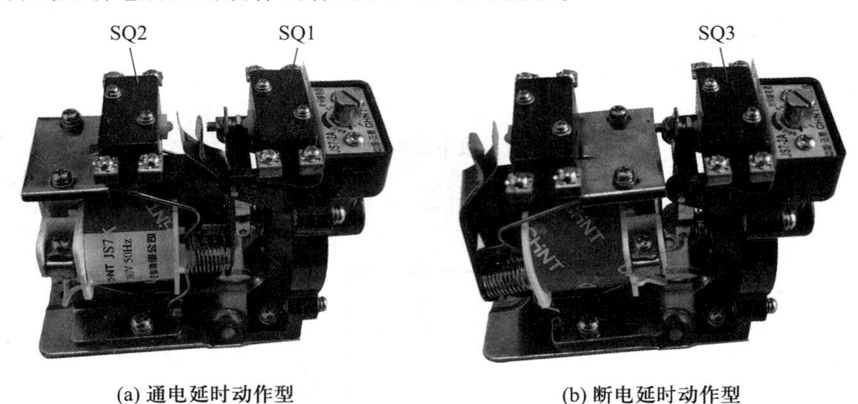

(a) 通电延时动作型　　(b) 断电延时动作型

图6-29　空气阻尼式时间继电器的外形图

任务 4-5　时间继电器的主要技术参数（见表 6-5）

表6-5　时间继电器的主要技术参数

型号	JS14S-A	JS14S	JS14S-C	JS14S-P
指示形式	数字显示			
接线端	11 脚（有清零、暂停功能）		8 脚（无清零、暂停功能）	
工作方式	通电延时			
额定电压	50 Hz ACDC24 V/48 V　ACDC100 V～240 V　AC220 V　AC380 V			
延时范围	0.01 s～9.999 s 1 s～99 min99 s 1 min～99 h99 min 多挡延时，时基可选择	0.01 s～9.99 s 0.01 s～99.99 s 0.1 s～9.9 s 0.1 s～99.9 s 0.1 s～999.9 s 1 s～99 s 1 s～999 s 1 s～9999 s 0.1 min～9.9 min 0.1 min～99.9 min 1 min～99 min 1 min～999 min 1 min～9999 min 0.1 s～999.9 s 单挡延时，时基不可选	0.1 s～9.9 s 1 s～99 s 0.1 min～9.9 min 1 min～99 min 0.1 s～99.9 s 1 s～999 s 1 min～999 min 0.01 s～99.99 s 1 s～9999 s 1 min～9999 min 单挡延时，时基不可选	0.1 s～9.9 s 1 s～99 s 0.1 min～9.9 min 1 min～99 min 单挡延时，时基不可选

续表

整定误差	延时整定值在 0.01 s～5 s 时，整定绝对误差≤ 0.01 s; 延时整定值大于 5 s; 整定相对误差≤ 1%
复位时间	≤ 1 s
机械寿命	100 万次
电气寿命	10 万次
触头数量	2 组转换
环境温度	−5 ℃～+40 ℃

任务 4–6　时间继电器的选用及使用注意事项

一、时间继电器的选用

选择时间继电器的主要依据是控制回路中所需要的延时触点的延时方式（通电延时或断电延时），吸引线圈的电压等级，瞬时触点的数目以及延时精度等，一般注意三个方面：

（1）确定时间继电器是用在直流回路还是交流回路中，并确定额定电压等级，常用为 220 V、110 V DC/AC。

（2）确定安装方式，如导轨式凸出式、嵌入式等（是柜内安装还是面板开孔安装，抽屉柜一般选用导轨式）。

（3）确定所需延时时间范围。

二、常用时间继电器的使用注意事项

1. 电磁式时间继电器

在电磁式电压继电器的铁心上增加一个阻尼铜套，即可构成电磁式时间继电器。它是利用电磁阻尼原理产生延时的，由电磁感应定律可知，在时间继电器线圈通断电过程中铜套内将感应电动势，并流过感应电流。此电流产生的磁通总是减弱原磁通变化。时间继电器通电时，由于衔铁处于释放位置，气隙大，磁阻大，磁通小，铜套阻尼作用相对也小，因此衔铁吸合时延时不显著（一般忽略不计）。而当时间继电器断电时，磁通变化量大，铜套阻尼作用也大。使衔铁延时释放而起到延时作用。因此，这种时间继电器仅用作断电延时，并且延时时间较短，JT3 系列最长不超过 5 s，而且准确度较低，一般只用于要求不高的场合。

2. 电子式时间继电器

电子式时间继电器在时间继电器中已成为主流产品，电子式时间继电器是采用晶体管（也称晶体管时间继电器）或集成电路和电子元件等构成。电子式时间继电器具有延时范围广、精度高、体积小、耐冲击和耐振动、调节方便及寿命长等优点，所以发展很快，应用广泛。电子式时间继电器的输出形式有两种：有触点式和无触点式，前者是用晶体管驱动小型电磁式继电器，后者是采用晶体管或晶闸管输出。

3. 单片机控制时间继电器

近年来随着微电子技术的发展,采用集成电路、功率电路和单片机等电子元件构成的新型时间继电器大量面市。例如，DHC6 多制式单片机控制时间继电器，J5S17、J3320、JSZI3 等系列大规模集成电路数字时间继电器，J5145 等系列电子式数显时间继电器，J5G1 等系列固态时间继电器等。DHC6 多制式单片机控制时间继电器是为满足工业自动化控制水平越来越高的要求而生产的。DHC6 多制式单片机控制时间继电器采用单片机控制，LCD 显示,具有 9 种工作制式,正计时、倒计时任意设定,具有 8 种延时时段,延时范围从 0.01 s ~ 999.9 h 任意设定(键盘设定),设定完成之后可以锁定按键,防止误操作。可按要求任意选择控制模式,使用简便方法达到以往需要较复杂接线才能达到的控制功能,既节省了中间控制环节,又大大提高了控制的可靠性。

任务 4–7　时间继电器的拆装与检修

一、工具、仪表及器材

1. 器材准备:JS7、JSZ 等系列时间继电器,并编号
2. 选择工具仪表:电工常用工具、镊子等,数字式万用表

二、识别时间继电器

在指导教师的指导下,识别所给时间继电器,仔细观察各种不同型号、规格的时间继电器,熟悉它们的外形、型号,注意识别动合触头和动断触头、线圈的接线柱等。记录型号与规格、含义,画出其电气图形符号,记录在表 6–6 中。

表6–6　识别时间接触器

序号	名称	型号与规格	型号含义	电气图形符号
1				
2				
3				

三、识读使用手册(说明书)

根据所给时间继电器的使用手册,熟悉时间继电器主要技术参数的意义、结构、工作原理,安装使用方法。

四、JS7 系列时间继电器的拆解

根据相应的操作步骤,拆解时间继电器,将拆解的过程记入表 6–7。

表6-7　时间接触器的拆装与检修

<table>
<tr><td colspan="2" rowspan="2">型号</td><td colspan="2" rowspan="2">容量 /A</td><td rowspan="2">拆装步骤</td><td rowspan="2">检修记录</td><td colspan="2">主要零部件</td></tr>
<tr><td>名称</td><td>作用</td></tr>
<tr><td colspan="2"></td><td colspan="2"></td><td rowspan="15"></td><td rowspan="15"></td><td rowspan="3"></td><td rowspan="3"></td></tr>
<tr><td colspan="4">触点对数</td></tr>
<tr><td colspan="2">动合触点</td><td colspan="2">动断触点</td></tr>
<tr><td colspan="2"></td><td colspan="2"></td><td rowspan="2"></td><td rowspan="2"></td></tr>
<tr><td colspan="4">瞬时触点电阻</td></tr>
<tr><td colspan="2">动合</td><td colspan="2">动断</td><td rowspan="2"></td><td rowspan="2"></td></tr>
<tr><td>动作前</td><td>动作后</td><td>动作前</td><td>动作后</td></tr>
<tr><td></td><td></td><td></td><td></td><td rowspan="3"></td><td rowspan="3"></td></tr>
<tr><td colspan="4">延时触点电阻</td></tr>
<tr><td colspan="2">动合</td><td colspan="2">动断</td></tr>
<tr><td>动作前</td><td>延时动作后</td><td>动作前</td><td>延时动作后</td><td rowspan="2"></td><td rowspan="2"></td></tr>
<tr><td></td><td></td><td></td><td></td></tr>
<tr><td colspan="4">电磁线圈</td><td rowspan="3"></td><td rowspan="3"></td></tr>
<tr><td colspan="2">工作电压</td><td colspan="2">直流电阻</td></tr>
<tr><td colspan="2"></td><td colspan="2"></td></tr>
</table>

五、检修

检测过程中，要注意通电延时型时间继电器与断电延时型时间继电器的区别，将检修的结果填入表 6-7。

六、组装

根据拆解步骤的反顺序组装时间继电器。

七、检测

用万用表通断挡检查各触点是否良好（以 JS7 系列通电延时型时间继电器为例），把检测结果填入表格 6-7。

1. 触头测量

把万用表置于通断挡，检测常态时各触点通断情况，如图 6-30 所示。

(a) 瞬时断开触头

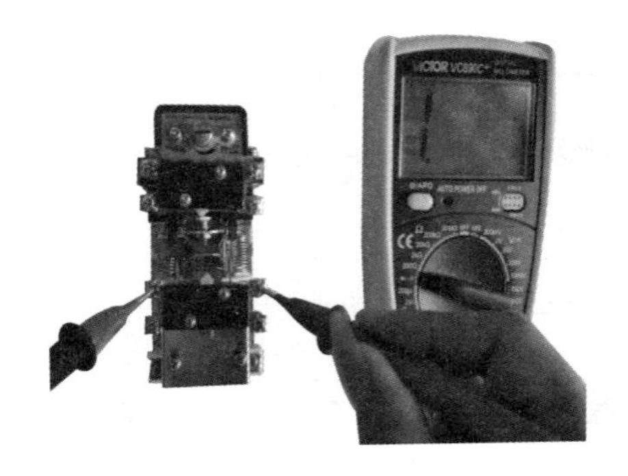

(b) 瞬时闭合触头

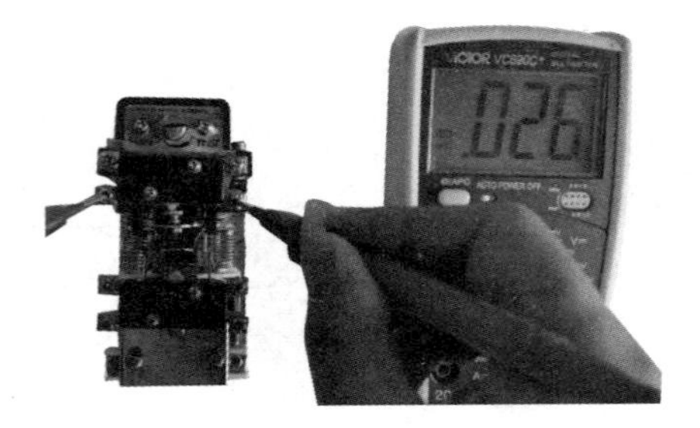

(c) 延时断开触头

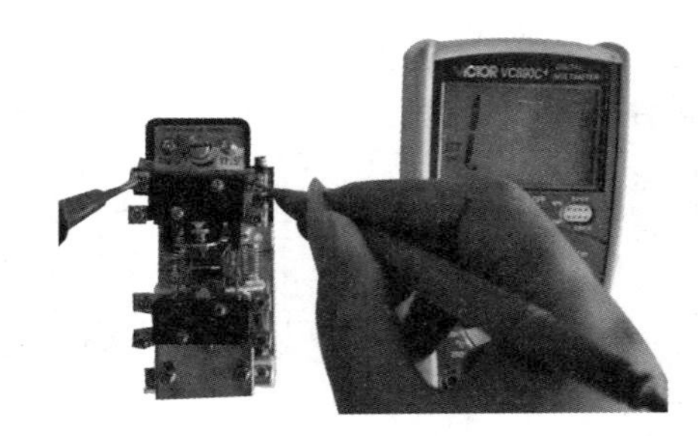

(d) 延时闭合触头

图6-30　常态时各触点通断情况

用手按住延时型时间继电器的线圈，模拟通电，听到“滴”的一声后，检测各触点通断情况，如图 6-31 所示。

(a) 瞬时断开触头

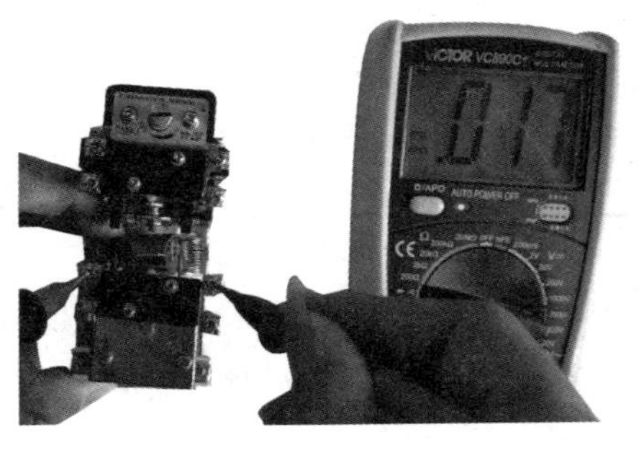

(b) 瞬时闭合触头

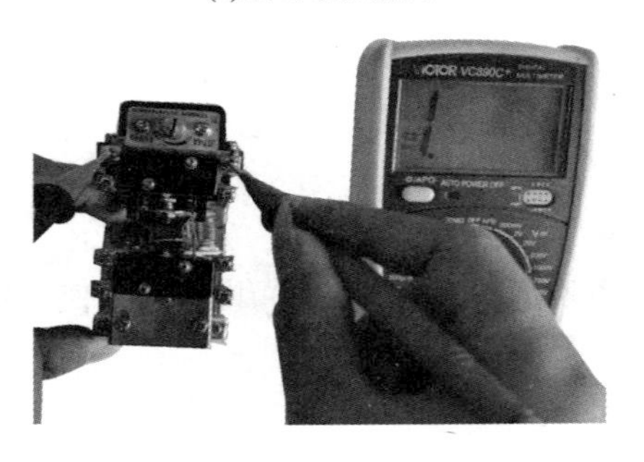

(c) 延时断开触头

(d) 延时闭合触头

图6-31　模拟通电后各触点通断情况

2. 线圈电阻值测量

选择万用表 2 kΩ 电阻挡，测量线圈电阻值，若所测得的阻值在 1～2 kΩ 之间，则可视为正常，如图 6–32 所示。若阻值为显示为 1，则可视为线圈断路；若阻值接近 0，可视为线圈短路。

图6–32　时间继电器线圈阻值

八、评分标准（见表 6–8）

表6–8　评 分 标 准

<table>
<tr><th>项目内容</th><th>配分</th><th colspan="3">评分标准</th><th>扣分</th></tr>
<tr><td>识别时间继电器</td><td>40 分</td><td colspan="3">（1）写错或漏写型号每只扣 5 分
（2）符号错误每项扣 5 分
（3）主要结构、工作原理错误酌情扣分</td><td></td></tr>
<tr><td>时间继电器的拆装、检修与检测</td><td>60 分</td><td colspan="3">（1）拆装方法不正确或不会拆装扣 20 分
（2）损坏、丢失或漏装零件每件扣 10 分
（3）未进行检修或检修方法不正确扣 10 分
（4）不能进行通电校验扣 20 分
（5）通电时有振动或噪声扣 10 分
（6）未进行检测或检测方法不正确扣 10 分</td><td></td></tr>
<tr><td>安全文明生产</td><td colspan="4">违反安全文明生产规程扣 5～40 分</td><td></td></tr>
<tr><td>定额时间</td><td colspan="4">30 min，每超过 5 min（不足 5 min，以 5 min 计）扣 5 分</td><td></td></tr>
<tr><td>备注</td><td colspan="3">除定额时间外，各项目的最高扣分不应该超过配分数</td><td>成绩</td><td></td></tr>
<tr><td>开始时间</td><td></td><td>结束时间</td><td></td><td>实际时间</td><td></td></tr>
</table>

任务五　认识热继电器

热继电器用于对电路过载保护，其工作原理是过载电流通过热元件后，使双金属片加热弯曲，去推动动作机构来带动触点动作，从而电路断开。鉴于双金属片受热弯曲过程中，热量的传递需要较长的时间，因此，热继电器不能用作短路保护，而只能用作过载保护。

学习目标

本任务的主要内容就是认识常用的热继电器，了解其结构和原理，并掌握其拆装及检修的基本方法。具体要求如下：

1. 熟悉常用热继电器的功能、基本结构、动作原理及型号含义，熟记其图形符号和文字符号

2. 会识别、检测、拆装、选用常用热继电器

3. 熟悉热继电器在电气控制设备中的典型应用

任务 5-1 初识热继电器

一、外形

常用热继电器的外形图如图 6-33 所示。

(a) JR36型 (b) JR20型 (c) NR4型

(d) 电子式 (e) 热敏电阻型 (f) 易熔合金型

图6-33 常用热继电器的外形图

二、电气图形符号

热继电器的电气图形符号如图 6-34 所示。

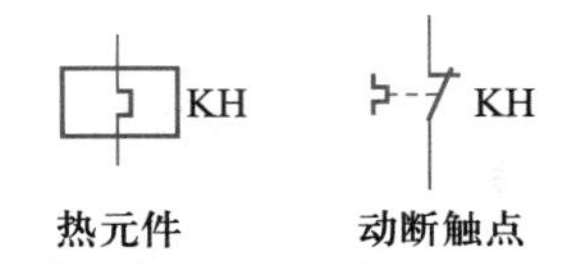

图6-34　热继电器的电气图形符号

三、型号与含义

JR 系列热继电器型号与含义如下：

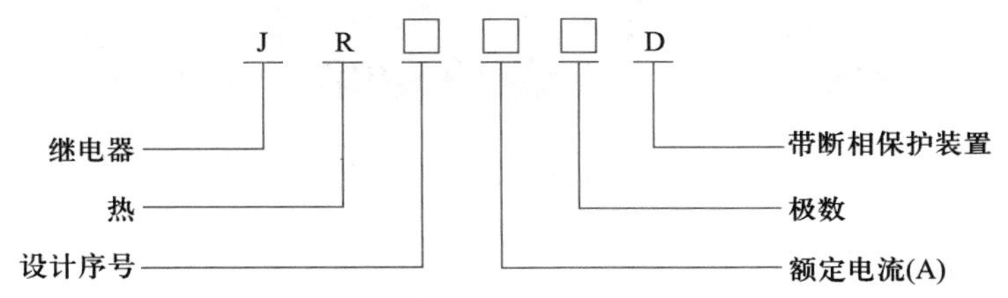

例如，JR16B-20/3D 型表示额定电流为 20 A,设计序号为 16,改型为 B,带有断相保护装置的三相结构热继电器。JR16B 系列热继电器的替代产品是 JR36 系列,其外形和安装尺寸完全一致。

常用 JRS 系列热继电器的型号与含义如下：

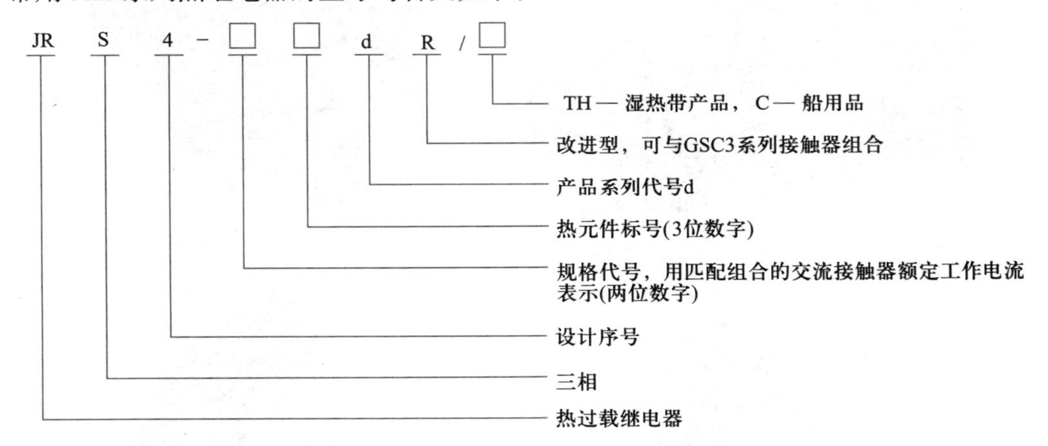

四、分类

热继电器按动作方式可分为易熔合金式、热敏电阻式和双金属片式三种类型。双金属片式利双金属片受热弯曲去推动执行机构动作；热敏电阻式利用电阻值随温度变化而变化的特性；易熔合金式利用过载电流发热使易熔合金达到某一温度时,合金熔化而动作。

热继电器按极数来分,有单极、两极和三极结构三种类型,每种类型按发热元件的额定电流又有不同的规格和型号。其中,三极结构热继电器,又可分为不带断相保护装置和带断相保装置两种类型。

热继电器按复位形式又可分为自动复位式(触点动作后能自动返回原位)和手动复位两种。

任务 5–2　拆解 NR4–63 热继电器(NR4 系列的行业代号是 JRS2 系列)

一、NR4–63 热继电器外形结构示意图(见图 6–35)

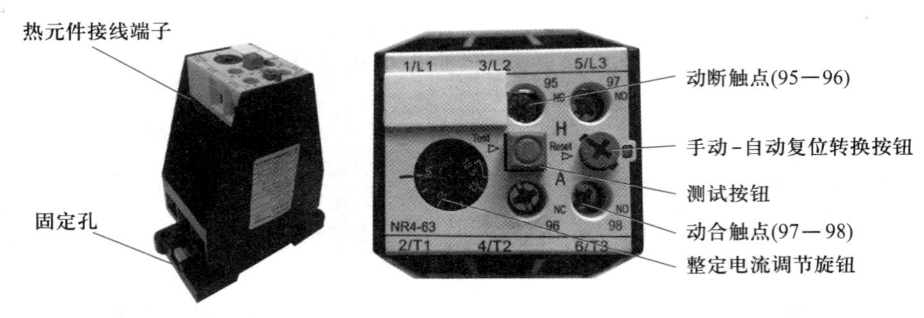

图6–35　NR4–63热继电器外形示意图

二、探究 NR4–63 热继电器内部结构

步骤 1：取下顶部和侧面塑料部件，并拧下固定螺钉，如图 6–36 所示。

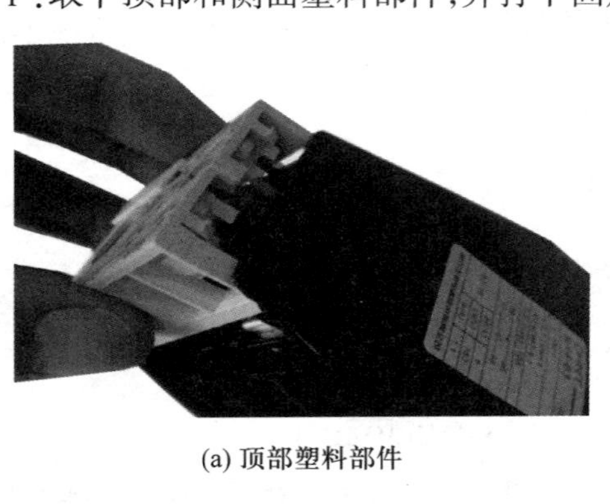

(a) 顶部塑料部件

(b) 侧面塑料部件

(c) 拧下侧面螺钉

(d) 拧下底部螺钉

图6–36　取下部分配件

步骤 2：拧下接线端子后可以取下一边的塑料外壳，如图 6-37 所示。

图6-37　取下塑料外壳

步骤 3：热继电器的整体分解图如图 6-38 所示。

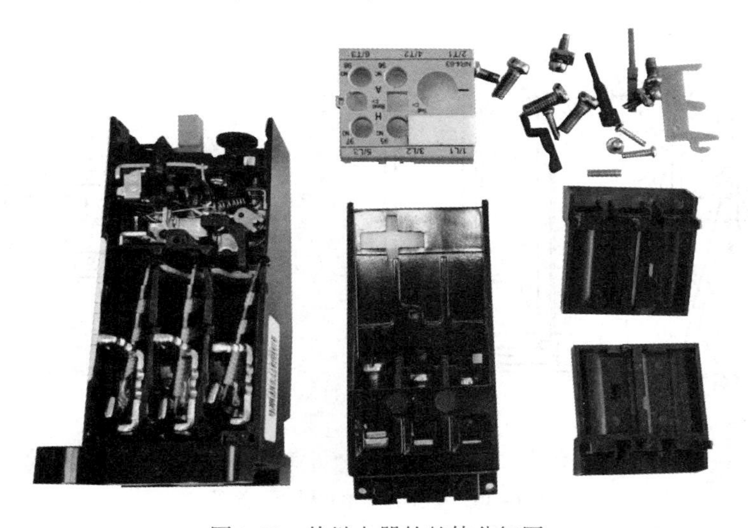

图6-38　热继电器的整体分解图

任务 5-3　探究热继电器工作原理

热继电器由发热元件、双金属片、触点及一套传动和调整机构组成。发热元件是一段阻值不大的电阻丝，串接在被保护电动机的主电路中。双金属片由两种不同热膨胀系数的金属片辗压而成。当电动机过载时，通过发热元件的电流超过整定电流，双金属片受热向上弯曲脱离扣板，使动断触点断开。由于动断触点是接在电动机的控制电路中的，它的断开会使得与其相接的接触器线圈断电，从而接触器主触点断开，电动机的主电路断电，实现了过载保护。鉴于双金属片受热弯曲过程中，热量的传递需要较长的时间，因此，热继电器不能用作短路保护，而只能用作过载保护。以 NR4-63 热继电器为例，进行工作原理分析。NR4-63 热继电器内部结构图如图 6-39

所示。

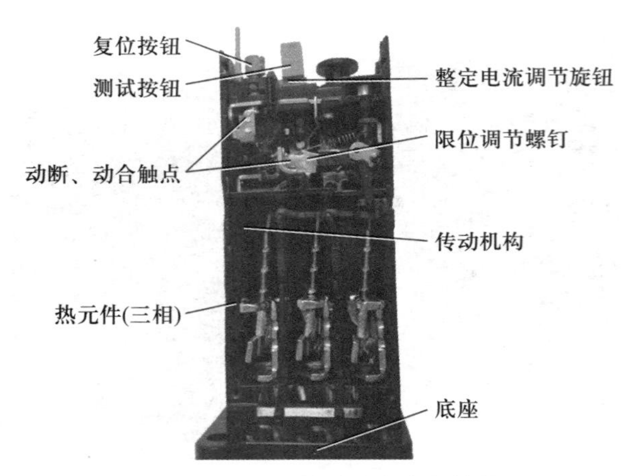

图6-39　NR4-63热继电器内部结构图

热继电器的结构示意图如图 6-40 所示。

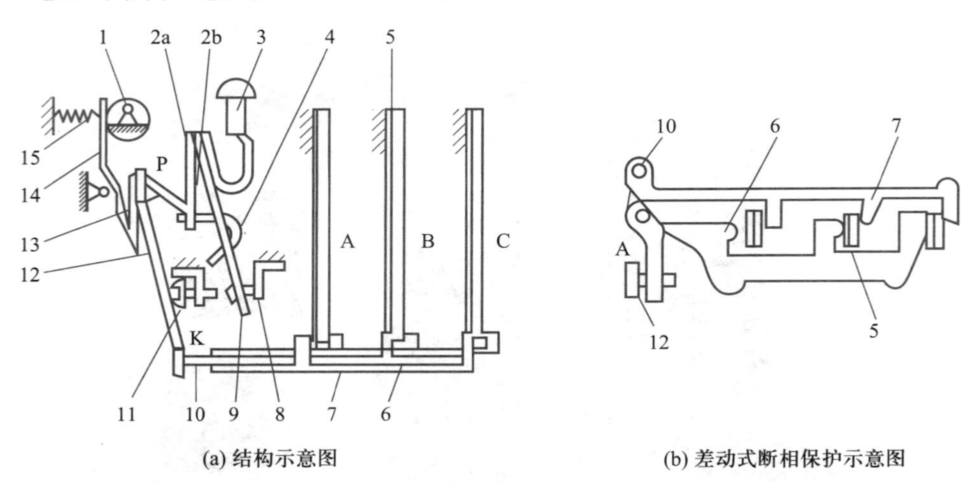

图6-40　热继电器的结构示意图

1—电流调节凸轮　2—片簧（2a，2b）　3—手动复位按钮　4—弓簧片
5—主金属片　6—外导板　7—内导板　8—动断静触点　9—动触点　10—杠杆
11—动合静触点（复位调节螺钉）　12—补偿双金属片　13—推杆　14—连杆　15—压簧

使用热继电器对电动机进行过载保护时，将热元件与电动机的定子绕组串联，将热继电器的动断触头串联在交流接触器的电磁线圈的控制电路中，并调节整定电流调节旋钮，使人字形拨杆与推杆相距一适当距离。当电动机正常工作时，通过热元件的电流即为电动机的额定电流，热元件发热，双金属片受热后弯曲，使推杆刚好与人字形拨杆接触，而又不能推动人字形拨杆。动断触头处于闭合状态，交流接触器保持吸合，电动机正常运行。

若电动机出现过载情况，绕组中电流增大，通过热继电器元件中的电流增大使双金属片温度升得更高，弯曲程度加大，推动人字形拨杆，人字形拨杆推动动断触头，使触头断开而断开交流接触器线圈电路，使接触器释放、切断电动机的电源，电动机停车而得到保护。

热继电器其他部分的作用如下：人字形拨杆的左臂也用双金属片制成，当环境温度发生变化时，主电路中的双金属片会产生一定的变形弯曲，这时人字形拨杆的左臂也会发生同方向的变形弯曲，从而使人字形拨杆与推杆之间的距离基本保持不变，保证热继电器动作的准确性。这种作用称温度补偿作用。

螺钉 11 是动断触头复位方式调节螺钉。当螺钉位置靠左时，电动机过载后，动断触头断开，电动机停车后，热继电器双金属片冷却复位。动断触头的动触头在弹簧的作用下会自动复位。此时热继电器为自动复位状态。将螺钉逆时针旋转向右调到一定位置时，若这时电动机过载，热继电器的动断触头断开。其动触头将摆到右侧一新的平衡位置。电动机断电停车后，动触头不能复位。必须按动复位按钮后动触头方能复位。此时热继电器为手动复位状态。若电动机过载是故障性的，为了避免再次轻易地启动电动机，热继电器宜采用手动复位方式。若要将热继电器由手动复位方式调至自动复位方式，只需将复位调节螺钉顺时针旋进至适当位置即可。

有些型号的热继电器还具有断相保护功能。差动式断相保护装置的结构示意图如图 6–41 所示。

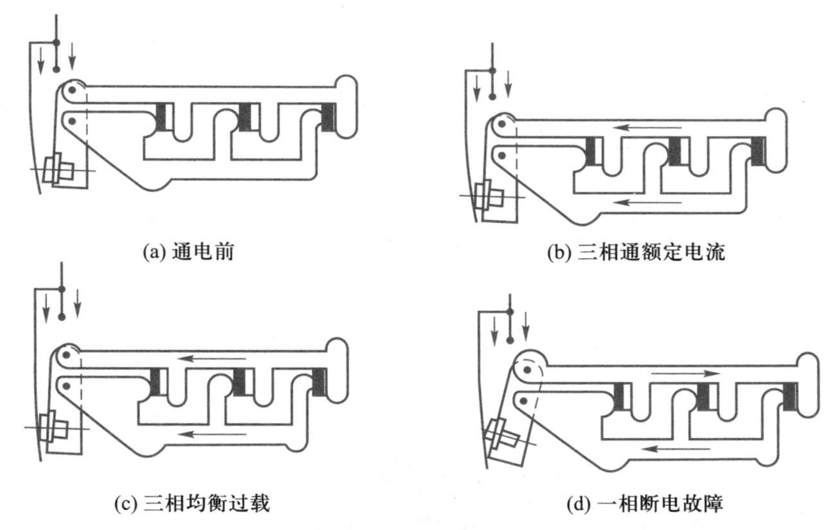
(a) 通电前　(b) 三相通额定电流

(c) 三相均衡过载　(d) 一相断电故障

图6–41　差动式断相保护装置的结构示意图

热继电器的断相保护功能是由内、外推杆组成的差动放大机构提供的。当电动机正常工作时，通过热继电器热元件的电流正常，内外两推杆均向前移至适当位置。当出现电源一相断线而造成缺相时，该相电流为零，该相的双金属片冷却复位，使内推杆向右移动，另两相的双金属片因电流增大而弯曲程度增大，使外推杆更向左移动，由于差动放大作用，在出现断相故障后很短的时间内就推动动断触头使其断开，使交流接触器释放，电动机断电停车而得到保护。

任务 5–4　热继电器的主要技术参数

热继电器的主要技术参数有额定电压、额定电流和额定频率。JR36 系列热继电器的主要技术参数见表 6–9。

表6-9　JR36系列热继电器的主要技术参数

<table>
<tr><th colspan="3"></th><th>JR36-20</th><th>JR36-63</th><th>JR36-160</th></tr>
<tr><td colspan="3">额定工作电流 /A</td><td>20</td><td>63</td><td>160</td></tr>
<tr><td colspan="3">额定绝缘电压 /V</td><td>690</td><td>690</td><td>690</td></tr>
<tr><td colspan="3">断相保护</td><td>有</td><td>有</td><td>有</td></tr>
<tr><td colspan="3">手动与自动复位</td><td>有</td><td>有</td><td>有</td></tr>
<tr><td colspan="3">温度补偿</td><td>有</td><td>有</td><td>有</td></tr>
<tr><td colspan="3">测试按钮</td><td>有</td><td>有</td><td>有</td></tr>
<tr><td colspan="3">安装方式</td><td>独立式</td><td>独立式</td><td>独立式</td></tr>
<tr><td colspan="3">辅助触头</td><td>1NO+1NC</td><td>1NO+1NC</td><td>1NO+1NC</td></tr>
<tr><td colspan="3">AC-15 380 V 额定电流 /A</td><td>0.47</td><td>0.47</td><td>0.47</td></tr>
<tr><td colspan="3">AC-15 220 V 额定电流 /A</td><td>0.15</td><td>0.15</td><td>0.15</td></tr>
<tr><td rowspan="4">导线截面积 /mm^2</td><td rowspan="2">主电路</td><td>单心或绞合线</td><td>1.0～4.0</td><td>6.0～16</td><td>16～70</td></tr>
<tr><td>接线螺钉</td><td>M5</td><td>M6</td><td>M8</td></tr>
<tr><td rowspan="2">辅助电路</td><td>单心或绞合线</td><td>2×（0.5～1）</td><td>2×（0.5～1）</td><td>2×（0.5～1）</td></tr>
<tr><td>接线螺钉</td><td>M3</td><td>M3</td><td>M3</td></tr>
</table>

任务 5-5　热继电器的选用及使用注意事项

一、热继电器的选用

热继电器的选用除应满足其工作条件和安装条件外，主要根据所保护电动机的额定电流来确定热继电器的规格和热元件的电流等级，选用方法如下：

（1）根据接触器系列选择热继电器的系列。每一系列的热继电器一般只能和相适应系列的接触器配套使用。例如，JR36 系列热继电器与 CJT1 系列接触器配套使用；JR20 系列热继电器与 CJ20 系列接触器配套使用；T 系列热继电器与 B 系列接触器配套使用；3UA 系列热继电器与 3TB，3TF 系列接触器配套使用等。

（2）根据电动机的额定电流选择热继电器的规格。通常应使热继电器的额定电流略大于电动机的额定电流。

（3）根据需要的整定电流值选择热元件的编号和电流等级。一般情况下，热元件的整定电流为电动机额定电流的 0.95～1.05 倍。但对电动机所拖动的冲击性负载或启动时间较长及拖动设备不允许停电的场合，其整定电流值可取电动机额定电流的 1.1～1.15 倍。如果电动的过载能力较差，其整定电流可取电动机额定电流的 0.6～0.8 倍。同时，整定电流应留有一定的上下限调整范围。

（4）根据电动机定子绕组的连接方式选择热继电器的结构形式，对定子绕组接成星形联结的电动机可选用普通三极结构的热继电器，而作三角形联结的电动机应选用三极结构带断相保护装置的热继电器。

此外，各系列热继电器各有特点，其共同特点是均有3种安装方式，即独立安装式（通过螺钉固定）、导轨安装式（在标准安装轨道上安装）和接插安装式（直接挂接在与其配套的接触器上），因此，在选择热继电器时，还需要根据安装场所的实际情况选择热继电器的安装方式。

二、热继电器的维护使用注意事项

（1）检查负荷电流是否与热元件的额定电流相配合；

（2）检查热继电器外部导线的连接点处有无过热现象；

（3）检查与热继电器连接的导线的截面积是否满足电流要求，有无因发热而影响热元件的正常工作；

（4）检查热继电器的运行环境温度有无变化，是否超过允许范围（-30～40 ℃）；

（5）如热继电器动作，应检查动作情况是否正确；

（6）检查热继电器周围环境温度与电动机周围环境温度，如后者高出前者15～25 ℃。应选用大一等级的热元件；如低于15～25 ℃，应调换小等级的热元件。

任务5-6 热继电器的拆装与检修

一、工具、仪表及器材

1. 器材准备：JR36型、NR4型、JR20型热继电器，并编号
2. 选择工具仪表：电工常用工具、镊子等，数字式万用表

二、识别热继电器

在指导教师的指导下，识别所给热继电器，仔细观察各种不同型号、规格的热继电器，熟悉它们的外形、型号，注意识别动合触头和动断触头、线圈的接线柱等。记录型号与规格、含义，画出电气图形符号，记录在表6-10中。

表6-10 识别热继电器

序号	名称	型号与规格	型号含义	电气图形符号
1				
2				
3				

三、识读使用手册（说明书）

根据所给热继电器的使用手册，熟悉热继电器主要技术参数的意义、结构、工作原理，安装使

用方法。

四、拆解 NR4-63 热继电器

根据相应的操作步骤，拆解 NR4-63 型热继电器，将拆装过程填入表 6-11。

表6-11　热继电器的拆装与检修

<table>
<tr><th colspan="2" rowspan="2">型号</th><th colspan="2" rowspan="2">容量 /A</th><th rowspan="2">拆解步骤</th><th rowspan="2">检修记录</th><th colspan="2">主要零部件</th></tr>
<tr><th>名称</th><th>作用</th></tr>
<tr><td colspan="2"></td><td colspan="2"></td><td rowspan="11"></td><td rowspan="11"></td><td rowspan="3"></td><td rowspan="3"></td></tr>
<tr><td colspan="4">触点对数</td></tr>
<tr><td colspan="2">主触点</td><td>动合触点</td><td>动断触点</td></tr>
<tr><td colspan="2"></td><td></td><td></td><td rowspan="2"></td><td rowspan="2"></td></tr>
<tr><td colspan="4">触点电阻</td></tr>
<tr><td colspan="2">动合</td><td colspan="2">动断</td><td rowspan="2"></td><td rowspan="2"></td></tr>
<tr><td>动作前</td><td>动作后</td><td>动作前</td><td>动作后</td></tr>
<tr><td></td><td></td><td></td><td></td><td rowspan="2"></td><td rowspan="2"></td></tr>
<tr><td colspan="4">电磁线圈</td></tr>
<tr><td colspan="2">工作电压</td><td colspan="2">直流电阻</td><td rowspan="2"></td><td rowspan="2"></td></tr>
<tr><td colspan="2"></td><td colspan="2"></td></tr>
</table>

五、组装

按照拆解操作的反顺序组装热继电器。

六、检测

用万用表电阻挡检查组装好的热继电器线圈及各触点是否良好，用手按住动触点，检查运动部分是否灵活，将检测的结果填入表 6-11。

（1）保护触点测量

动断触点检测：把万用表置于通断挡，检测常态时动断触点，如图 6-42（a）所示，万用表显示约为 0。动合触点检测：把万用表置于通断挡，检测常态时动合触点，如图 6-42（b）所示，万用表显示为 1。

按下红色测试按钮，如图 6-42（c）中万用表显示为 1，则动断触点正常，否则为不正常。再按复位按钮复位，如图 6-42（d）所示。

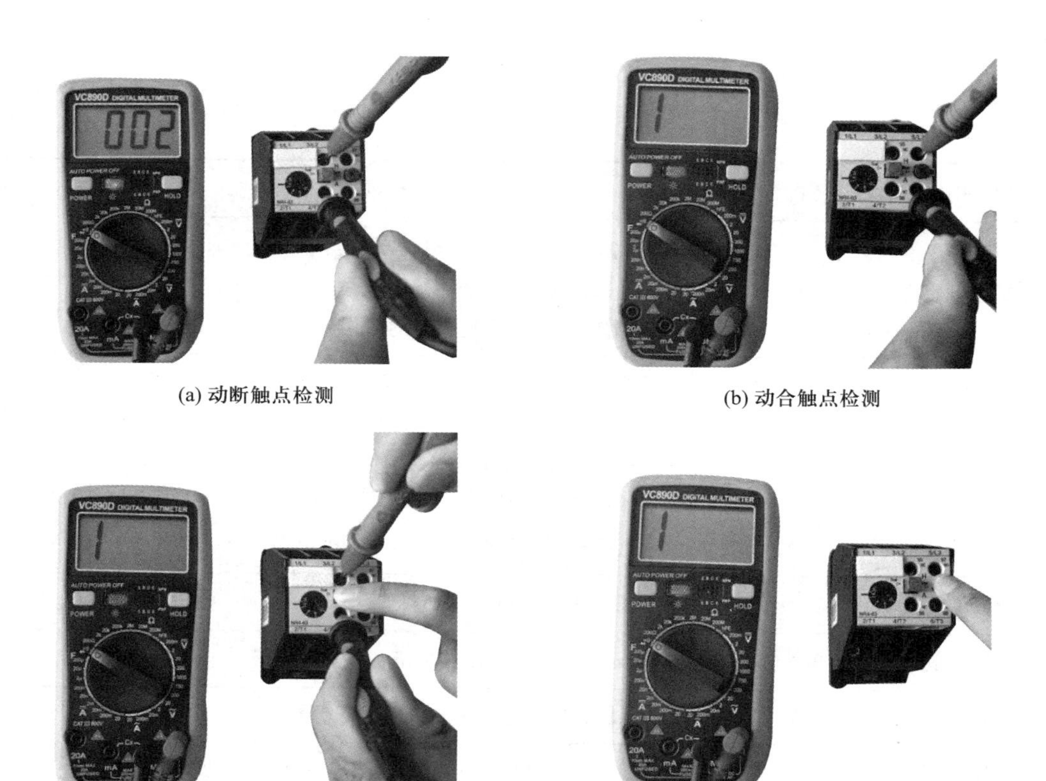

(a) 动断触点检测

(b) 动合触点检测

(c) 按下测试按钮

(d) 复位

图6-42　接触器触头模块检测

（2）主触点检测

把万用表置于通断挡，检测常态时，万用表显示约为 0 Ω，如图 6-43 所示。若显示为 1，则可视为断路。

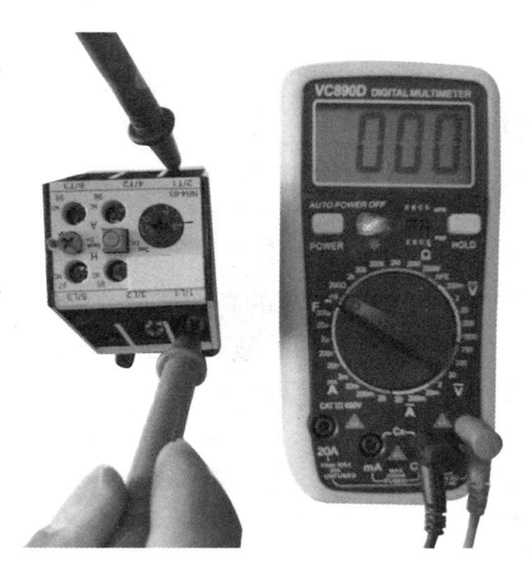

图6-43　主触点检测

七、评分标准（见表 6–12）

表6–12 评 分 标 准

<table>
<tr><th>项目内容</th><th>配分</th><th colspan="4">评分标准</th><th>扣分</th></tr>
<tr><td>识别热继电器</td><td>40 分</td><td colspan="4">（1）写错或漏写型号每只扣 5 分
（2）符号错误每项扣 5 分
（3）主要结构、工作原理错误酌情扣分</td><td></td></tr>
<tr><td>热继电器的拆装与检修</td><td>60 分</td><td colspan="4">（1）拆装方法不正确或不会拆装扣 20 分
（2）损坏、丢失或漏装零件每件扣 10 分
（3）未进行检修或检修方法不正确扣 10 分
（4）不能进行通电校验扣 20 分
（5）未进行检测或检测方法不正确扣 10 分</td><td></td></tr>
<tr><td>安全文明生产</td><td colspan="5">违反安全文明生产规程扣 5~40 分</td><td></td></tr>
<tr><td>定额时间</td><td colspan="5">30 min，每超过 5 min（不足 5 min，以 5 min 计）扣 5 分</td><td></td></tr>
<tr><td>备注</td><td colspan="4">除定额时间外，各项目的最高扣分不应该超过配分数</td><td>成绩</td><td></td></tr>
<tr><td>开始时间</td><td colspan="2"></td><td>结束时间</td><td></td><td>实际时间</td><td></td></tr>
</table>

任务六 认识速度继电器

速度继电器主要用于三相异步电动机反接制动的控制电路中，它的任务是，在电机转速接近零时，能及时发出信号，切断电源使之停车（否则电动机开始反方向启动）。

学习目标

1. 理解速度继电器的作用和工作原理
2. 掌握速度继电器的结构、电气符号及实际应用

一、外形

速度继电器是一种可以按照被控电动机转速的高低接通或断开电源电路的低压电器，其主要作用是与接触器配合实现对电动机的反接制动，故又称反接制动继电器。机床控制线路中常用的速度继电器有 JY1 型（见图 6–44）和 JFZ0 型。

二、电气图形符号

速度继电器的电气图形符号如图 6–45 所示。

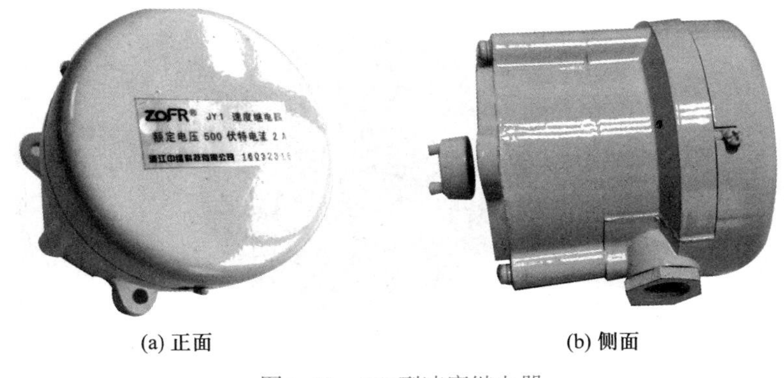

(a) 正面　　(b) 侧面

图6-44　JY1型速度继电器

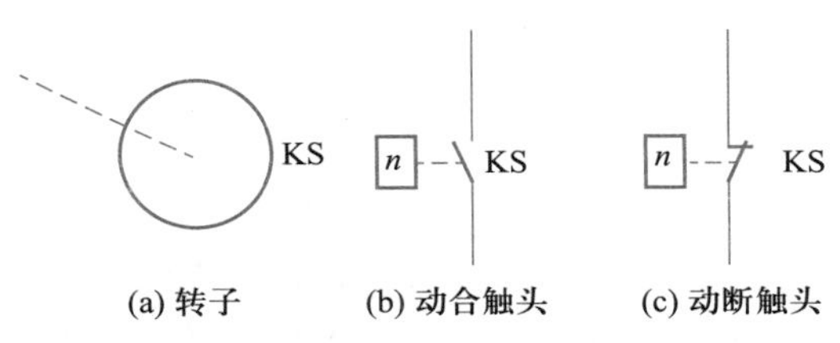

(a) 转子　　(b) 动合触头　　(c) 动断触头

图6-45　速度继电器的电气图形符号

三、型号与含义

JF 型速度继电器的型号与含义：

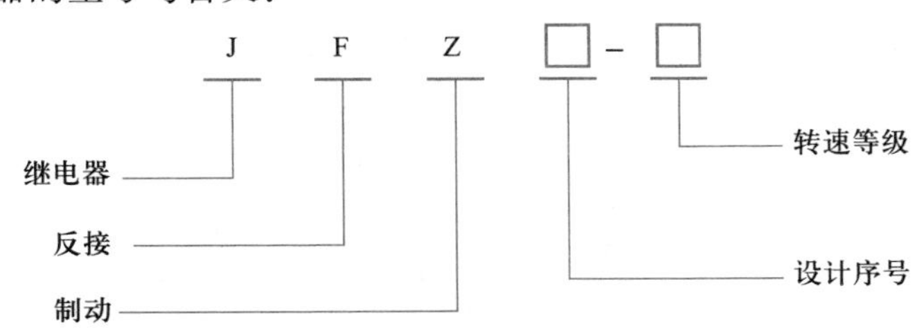

四、解剖速度继电器

用螺丝刀拧松螺钉，取下外罩，如图 6-46 所示，速度继电器的触点结构如图 6-47 所示。

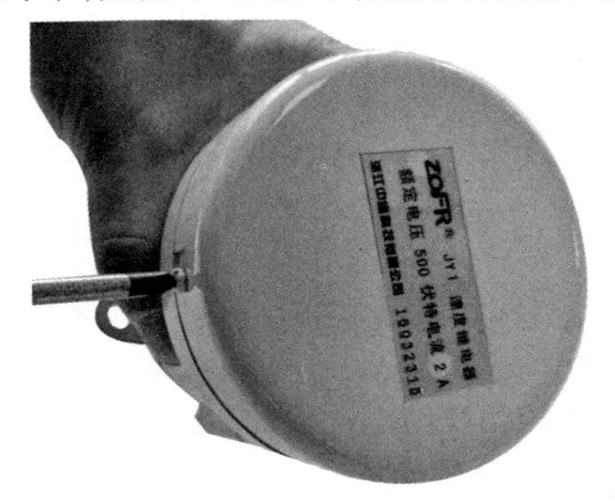

图6-46　取下外罩

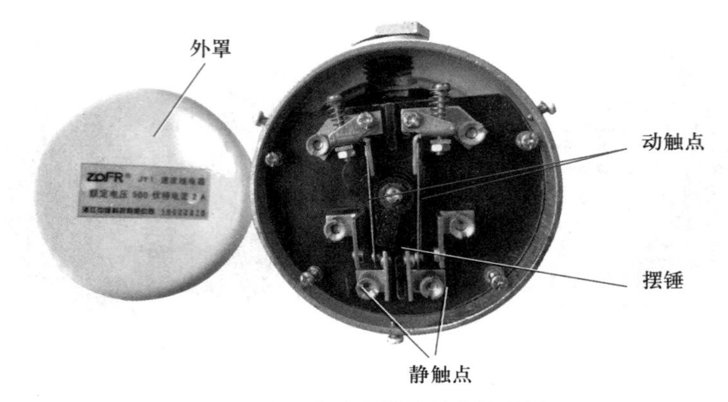

图6-47　速度继电器的触点结构图

五、探究速度继电器的工作原理

电动机断开电源以后，由于惯性不会马上停止转动，而是需要转动一段时间才会完全停下来。这种情况对于某些生产机械是不适宜的，如万能铣床要求立即停转等。为满足生产机械的这种要求就需要对电动机进行制动。速度继电器主要由转子、定子和触点系统三部分组成，如图6-48所示。转子是一个圆柱形永久磁铁，与被控电动机同轴并且能绕轴旋转。定子是一个笼型空心圆环，由硅钢片叠成，并装有笼型绕组。触点系统由两组转换触点组成，分别在转子正转和反转时动作。

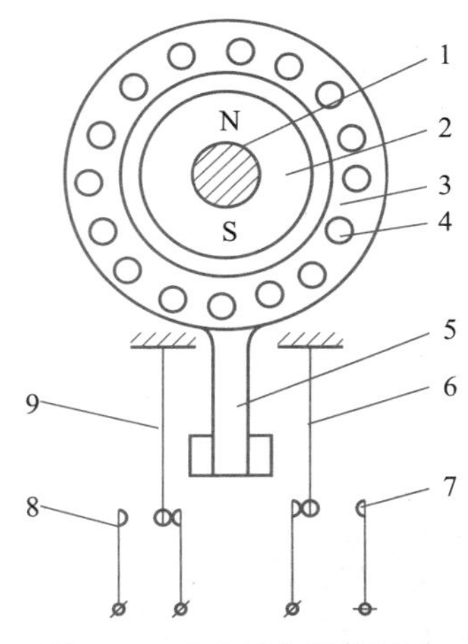

图6-48　速度继电器的结构

1—转轴　2—转子　3—定子　4—绕组　5—摆锤　6，9—簧片　7，8—静触点

当电动机旋转时，速度继电器的转子随之转动，从而在转子和定子之间的气隙中产生旋转磁场，在定子绕组上产生感应电流，该电流在永久磁铁的旋转磁场作用下，产生电磁转矩，使定子随永久磁铁转动的方向偏转。偏转角度与电动机的转速成正比。当定子偏转到一定角度时，带动胶木摆杆推动簧片。使动断触点断开，动合触点闭合，如图6-49（a）所示。当电动机转速低于某一值时，定子产生转矩减小，触点在簧片作用下复位。一般速度继电器的触点动作转速为

120 r/min，触点在转速在 100 r/min 以下复位，如图 6-49（b）所示。在连续工作制中，能可靠地工作在 3 000～3 600 r/min。

(a) 动触头闭合

(b) 动触头复位

图6-49　动触头的闭合和复位

六、速度继电器的主要技术参数

（1）JY-1 速度控制断电器在连续工作制中，可靠地工作在 3 000 r/min 以下，在反复短时工作制中（频繁启动制动）每分钟应不超过 30 次。

（2）JY-1 速度控制继电器在继电器轴转速为 150 r/min 时，即能动作。100 r/min 以下时，触点恢复正常位置。

（3）抗电强度：应能承受 50 Hz 电压 1 500 V、历时 1 min。

（4）绝缘电阻：在温度 20 ℃，相对湿度不大于 80% 时应不小于 100 MΩ。

（5）工作环境：温度 −50 ℃～+50 ℃，相对湿度不大于 85%（20 ℃ ±5 ℃）

（6）触头电流小于或等于 2 A，电压小于或等于 500 V。

（7）触头寿命：在不大于额定负荷之下，不小于 10 万次。

常用速度继电器的主要技术数据见表 6-13。

表6-13　常用速度继电器的主要技术参数

型号	触头额定电压 /V	触头额定电流 /A	触头对数		额定工作转速 /（r/min）	允许操作频率 /（次 /h）
			正转动作	反转动作		
JY1	380	2	1 组转换触头	1 组转换触头	100～3 000	<30
JFZ0-1			1 动合、1 动断	1 动合、1 动断	300～1 000	
JFZ0-2			1 动合、1 动断	1 动合、1 动断	1 000～3 600	

七、速度继电器的选用及使用注意事项

速度继电器主要根据所需控制的转速大小、触头的数量和电压、电流来选用。在运输过程中注意防振、防潮、防尘。包装好的继电器可用任何方式运输，但要避免受雨雪直接淋袭。

八、速度继电器的安装和使用

速度继电器的转轴应与电动机同轴连接，且使两轴的中心线重合，如图 6-50 所示。

图6-50　速度继电器与电动机同轴连接

速度继安装接线时，应注意正反向触点不能接错，否则不能实现反接制动控制，金属外壳应可靠接地，接线如图 6-51 所示。

图6-51　速度继电器接线图

任务七　了解固态继电器

固态继电器是用分离的电子元器件、集成电路（或芯片）及混合微电路技术结合发展起来的具有继电特性的无触头式电子开关。用隔离器件实现了控制端与负载端的隔离。固态继电器的输入端用微小的控制信号，达到直接驱动大电流负载。

学习目标

本项目的主要内容是认识固态继电器，了解其结构与原理。

一、外形

固态继电器目前已广泛应用于计算机外围接口设备、恒温系统、调温、电炉加温控制、电机控制、数控机械，遥控系统、工业自动化装置；信号灯、调光器、闪烁器、照明舞台灯光控制系统；仪器仪表、医疗器械、复印机、自动洗衣机；自动消防，保安系统，以及作为电网功率因数补偿的电力电容的切换开关等，另外在化工、煤矿等需防爆、防潮、防腐蚀场合中都有大量使用。常用固态继电器的外形图如图 6-52 所示。

(a)　(b)

(c)　(d)

图6-52　常用固态继电器的外形图

固态继电器具有短路保护、过载保护和过热保护，与组合逻辑固化封装就可以实现用户需要的智能模块，直接用于控制系统中。

二、电气符号

固态继电器的电气图形符号如图 6-53 所示。

图6-53　固态继电器的电气图形符号

三、分类

1. 交流固态继电器

（1）按开关方式分类：电压过零导通型（过零型）、电压随机导通型（随机型）。

（2）按输出开关元件分类：双向晶闸管输出型、单向晶闸管反并联型（增加型）。

（3）按安装方式分类：焊针式（线路板用，一般为小电流规格）、装置式（可配置散热器安装固定在金属底板上，大电流规格）。

2. 直流固态继电器

（1）按输入端分类：光隔离型、高频磁隔离型、变压器耦合型。

（2）按输出端分类：大功率晶体管型、功率场效晶体管型。

3. 交直流固态继电器

有光伏耦合器型、磁隔离型。

四、探究固态继电器的工作原理

固态继电器型号规格繁多，但它们的工作原理基本上是相似的，主要由输入（控制）电路、驱动电路和输出（负载）电路三部分组成。

1. 输入电路

输入电路的作用是为输入控制信号提供一个回路，使之成为固态继电器的触发信号源。固态继电器的输入电路多为直流输入，个别的为交流输入。直流输入电路又分为阻性输入和恒流输入。

（1）阻性输入电路的输入控制电流随输入电压呈线性的正向变化。

（2）恒流输入电路，在输入电压达到一定值时，电流不再随电压的升高而明显增大，这种继电器可适用于相当宽的输入电压范围。

2. 驱动电路

驱动电路包括隔离耦合电路、功能电路和触发电路三部分。

（1）隔离耦合电路多采用光耦合器和高频变压器两种电路形式。常用的光耦合器有光电晶体管、光电双向晶闸管、光电二极管阵列（光伏）等。高频变压器耦合是在一定的输入电压下，形成约 10 MHz 的自激振荡，通过变压器磁芯将高频信号传递到变压器二次侧。

（2）功能电路可包括检波整流、过零、加速、保护、显示等各种功能电路。

（3）触发电路的作用是给输出器件提供触发信号。

3. 输出电路

输出电路的作用是在触发信号的控制下，实现固态继电器的通断切换。输出电路主要由输出器件和起瞬态抑制作用的吸收回路组成，有时还包括反馈电路。

目前，各种固态继电器使用的输出器件主要有晶体管、单向晶闸管、双向晶闸管、MOS 场效晶体管、绝缘栅型双极晶体管等。

五、固态继电器的主要技术参数（见表 6-14）

表6-14　固态继电器的主要技术参数

项目	介绍
输入电压	输入电压是指在规定的环境温度下，施加至输入端能使固态继电器正常工作的电压范围
输入电流	输入电流是指在规定的环境温度下，流入固态继电器输入回路的电流值

续表

项目	介绍
保证接通电压	保证接通电压是指保证动合型固态继电器输出电路接通时，施加在输入端电压的最低值，类似于电磁继电器的动作最大值。该值一般为固态继电器的输入电压范围的下限值，即在输入端施加该电压或大于该电压时固态继电器确保接通
保证关断电压	保证关断电压是指保证动合型固态继电器输出电路关断时，施加在输入端的电压的最高值，类似于电磁继电器释放电压最小值。即在输入端施加该电压或低于该电压值时，固态继电器确保关断
输出电压	输出电压是指在规定的环境温度下固态继电器能够承受的最大稳态负载电源电压。一般还应规定，继电器能正常接通和关断的最小输出电压
输出电流	输出电流是指在规定的环境温度下，固态继电器允许使用的最大稳态负载电流值。一般还应规定继电器能正常接通和关断的最小输出电流
输出电压降或输出接通电阻	输出电压降或输出接通电阻是指在规定的环境温度下，固态继电器处于接通状态，在额定工作电流下，两输出端之间的压降或电阻值
输出漏电流	输出漏电流是指在规定的环境温度下，固态继电器处于关断状态，输出端为额定输出电压时，流经负载的电流（有效）值
绝缘电阻	绝缘电阻是指固态继电器输入端与输出端，输入端、输出端与外壳之间加 500 V 直流电压测量的电阻。不允许测量同一输入（或输出）电路引出端之间的绝缘电阻，测量之前应将它们短接
介质耐压	介质耐压是指固态继电器输入端与输出端，输入端、输出端与外壳之间能承受的最大电压。不允许测量同一输入（或输出）电路引出端之间的介质耐压，测量之前应将它们短接

六、固态继电器的选用及使用注意事项

1. 固态继电器的选择

（1）直流固态继电器的控制电压范围通常为 3.6～7 V，输入可与 TTL 电路兼容，其输入电流典型值为 7 mA。输入也可与 CMOS 电路兼容的固态继电器，其输入电流一般不超过 250 μA，但需加偏置电压。

（2）固态继电器的输出电压通常是指加至继电器输出端的稳态电压。而瞬态电压则是指继电器输出端可以承受的最大电压。在使用中，一定要保证加至继电器输出端的最大电压峰值低于继电器的瞬态电压值。在切换交流感性负载、单相电动机和三相电动机负载，或这些负载电路上电时，继电器输出端可能出现 2 倍于电源电压峰值的电压。对于此类负载，选型时应给固态继电器的输出电压留出一定余量。

（3）固态继电器的输出电流通常是指流经继电器输出端的稳态电流。但是由于感性负载、

容性负载引起的浪涌电流问题以及电源自身的浪涌电流问题，在选型时应当给固态继电器的输出电流留出一定余量。

2. 固态继电器的使用与维护

（1）选用小电流规格印制电路板使用的固态继电器时，因接线端子由高导热材料制成，焊接时应在温度小于 250 ℃、时间小于 10 s 的条件下进行。

（2）在选用继电器时应对被控负载的浪涌特性进行分析，再选择继电器，使继电器在保证稳态工作前提（常温下）能够承受这个浪涌电流。

一般在选用时遵循上述原则，低电压要求信号失真小，可选用场效晶体管作输出器件的直流固态继电器；如对交流阻性负载和多数感性负载，可选用过零型继电器，这样可延长负载和继电器寿命，也可减小自身的射频干扰。作为相位输出控制时，应选用随机型固态继电器。

（3）使用环境温度的影响。在安装使用过程中，应保证其有良好的散热条件，额定工作电流在 10 A 以上的产品应配散热器，100 A 以上的产品应配散热器加电风扇强冷。在安装时应注意继电器底部与散热器的良好接触，并考虑涂适量导热硅脂以达到最佳散热效果。

（4）在安装使用时应远离电磁干扰、射频干扰源，以防继电器误动作失控。

（5）固态继电器开路且负载端有电压时，输出端会有一定的漏电流，在使用或设计时应注意。

（6）固态继电器失效更换时，应尽量选用原型号或技术参数完成相同的产品，以便与原应用线路匹配，保证系统的可靠工作。

（7）过电流、过电压闭合措施，在控制回路中增加快速熔断器和断路器予以保护（选择继电器应选择产品输出保护，内置压敏电阻吸收回路和 *RC* 缓冲器，可吸收浪涌电压）；也可在继电器输出端并接 *RC* 吸收回路和压敏电阻（MOV）来实现输出保护。选用原则是 220 V 时，选用 500～600 V 压敏电阻，380 V 时可选用 800～900 V 压敏电阻。

（8）继电器输入回路信号：在使用时因输入电压过高或输入电流过大超出其规定的额定参数时，可考虑在输入端串接分压电阻或在输入端口并接分流电阻，以使输入信号不超过其额定参数值。

（9）稳压措施：在具体使用时，控制信号和负载电源要求稳定，波动不应大于 10%，否则应采取稳压措施。

任务八　了解压力继电器

压力继电器是液压系统中当流体压力达到预定值时，使电气触点动作的元件。压力继电器也可定义为将压力转换成电信号的液压元器件，用户根据自身的压力设计需要，通过调节压力继电器，实现在某一设定的压力时，输出一个电信号的功能。

学习目标

本项目的主要内容是认识压力继电器，了解其结构与原理。

一、外形

常用压力继电器的外形图如图 6–54 所示。

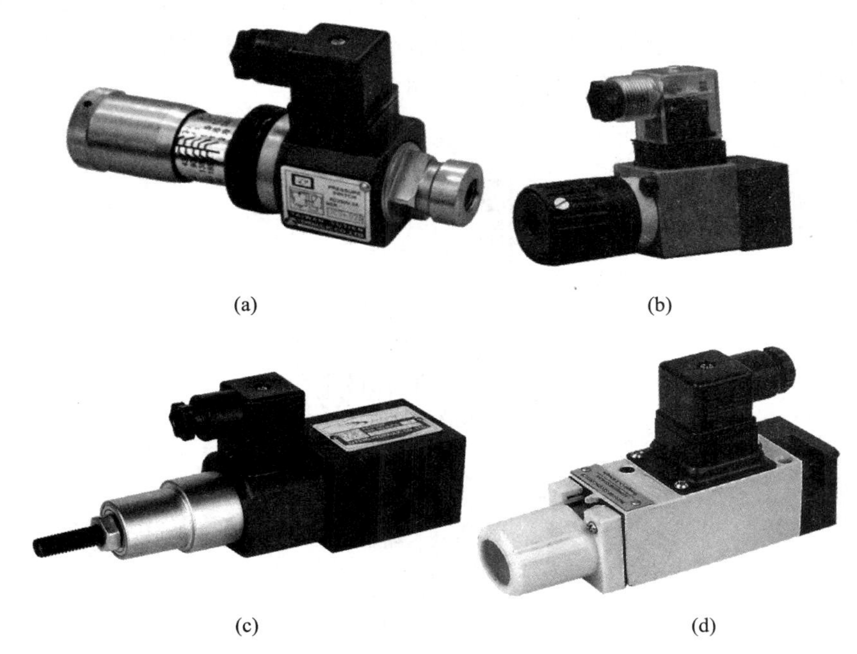

图6–54　常用压力继电器的外形图

二、电气图形符号

压力继电器的电气图形符号如图 6–55 所示。

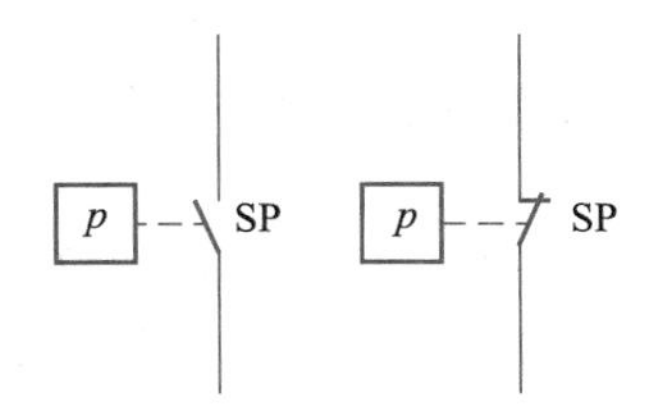

图6–55　压力继电器的电气图形符号

三、探究压力继电器的工作原理

压力继电器是利用液体的压力来启闭电气触点的液压电气转换元件。当系统压力达到压力继电器的调定值时，发出电信号，使电气元件（如电磁铁、电动机、时间继电器、电磁离合器等）动作，使油路卸压、换向，执行元件实现顺序动作，或关闭电动机使系统停止工作，起安全保护作用等。

压力继电器有柱塞式、膜片式、弹簧管式和波纹管式四种结构形式。下面对柱塞式压力继电器（见图 6–56）的工作原理进行介绍：

当从继电器下端进油口进入的液体压力达到调定压力值时，推动柱塞上移，此位移通过杠杆放大后推动微动开关动作。改变弹簧的压缩量，可以调节继电器的动作压力。

压力继电器应用场合于安全保护、控制执行元件的顺序动作、泵的启闭、泵的卸荷。必须放在压力有明显变化的地方才能输出电信号。若将压力继电器放在回油路上，由于回油路直接接回油箱，压力也没有变化，所以压力继电器也不会工作。

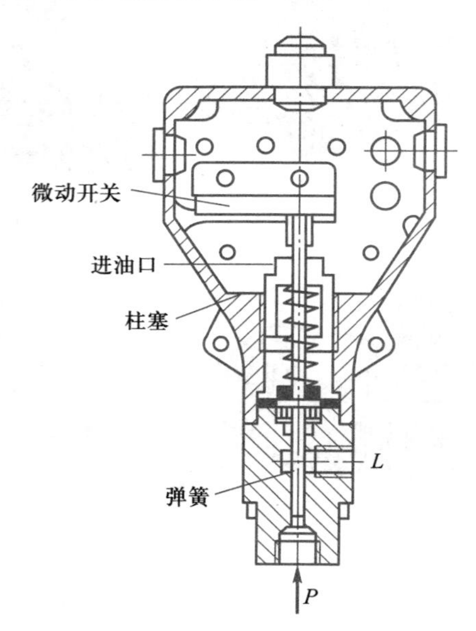

图6-56　柱塞式压力继电器

四、主要技术参数

1. 调压范围

能发出电信号的最低工作压力和最高工作压力的范围。

2. 灵敏度和通断调节区间

压力升高继电器接通电信号的压力称开启压力和压力下降继电器复位切断电信号的压力称闭合压力之差，即继电器的灵敏度。为避免压力波动时继电器时通时断要求开启压力和闭合压力间有一个可调的一定的差值，称为通断调节区间。

3. 重复精度

在一定的设定压力下，多次升压或降压过程中，开启压力和闭合压力的差值称为重复精度。

4. 升压或降压动作时间

压力由卸荷压力升到设定压力，微动开关触点闭合发出电信号的时间，称为升压动作时间，反之称为降压动作时间。

五、选用及使用注意事项

根据所测对象的压力来选用，例如，所测压力范围在 0.8 MPa 以内，则须选用额定 1.0 MPa 的压力继电器，此外还应符合电路中的额定电压、接口管径的大小。在使用过程中要注意以下几点：

（1）根据具体用途和系统压力选用适当结构形式的压力继电器。为了保证压力继电器动作灵敏，避免低压系统选用高压压力继电器。

（2）应按照制造厂的要求，正确安装压力继电器。

（3）按照所要求的电源形式和具体要求对压力继电器中的微动开关进行接线。

（4）压力继电器调整完毕后，应锁定或固定其位置，以免受振动后变动。

（5）压力继电器的泄油腔应直接接回油箱，否则会使泄油口背压过高，影响其灵敏度。

项目七　变　频　器

任务一　认识变频器

变频器是将固定频率的交流电变换为频率连续可调的交流电的装置。以实现电机的变速运行的设备。变频器于 20 世纪 60 年代问世，20 世纪 80 年代在主要工业化国家已广泛使用。从 20 世纪 90 年代以来，变频器技术随着微电子技术、电力电子技术、计算机技术和自动控制理论等的不断发展而发展，其应用越来越广泛。

自 20 世纪 80 年代被引进我国以来，变频器作为节能应用与速度工艺控制技术中越来越重要的自动化设备，得到了快速发展和广泛应用。在电力、纺织与化纤、建材、石油、化工、冶金、市政、造纸、食品饮料、烟草等行业以及公用工程（中央空调、供水、水处理、电梯等）中，变频器都在发挥着重要作用。

学习目标

本项目的主要内容就是认识常用的变频器，了解变频器的应用场合，并了解变频器的基本工作原理、结构及组成。具体要求如下：

1. 了解变频器的基本工作原理、类型及其应用
2. 熟悉变频器的外形、结构及组成部件
3. 掌握变频器的拆装步骤和方法

任务 1–1　初识变频器

在当今自动化控制领域中变频器使用非常广泛，交流变频调速技术的应用就能够很好地解决电机平滑启动，消除机械启动时的冲击力，实现无级变速，满足不同生产工艺要求，提高生产效率，节约电能。常用的变频器品牌及外形如图 7–1 所示。

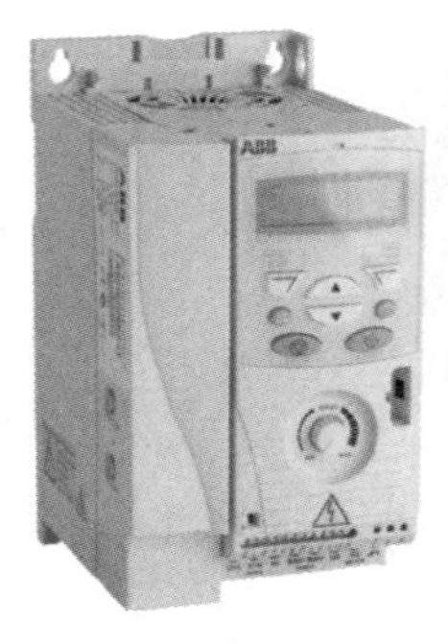

(a) ABB变频器

(b) 西门子变频器

(c) 施耐德变频器

(d) 三菱变频器

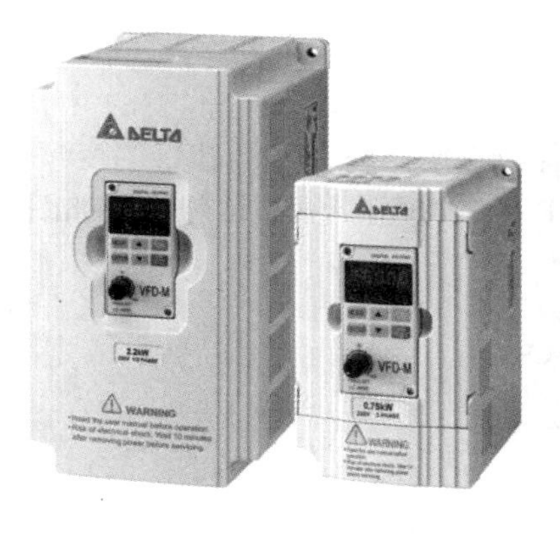

(e) 台达变频器

(f) 汇川变频器

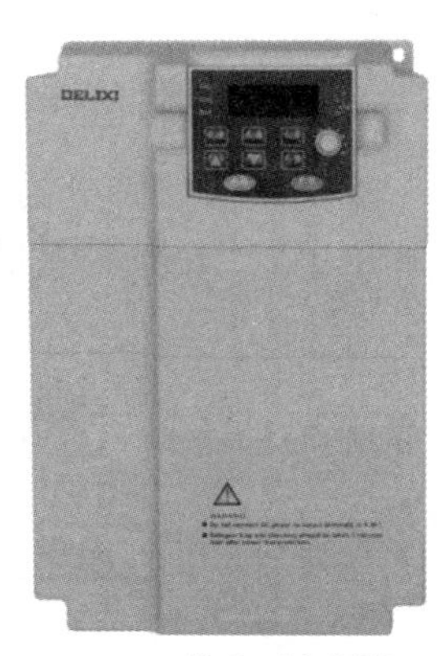

(g) 德力西变频器

图 7-1　常用的变频器品牌及外形

一、变频器外形结构

变频器从外部结构上看,有开启式和封闭式两种。开启式变频器的散热性能好,但接线端子外露,适用于电气柜内部安装,封闭式变频器的接线端子全部在内部,不打开盖子是看不见的。一般情况下,变频器外形体积越大,可控制电动机的功率越大。下面以三菱 E 系列封闭式变频器为例进行介绍。

三菱 FR - E740 变频器的结构如图 7-2 所示,正面右侧上部为操作面板,面板上有信号指示灯、旋钮及功能按键,面板下方有 PU 接口,即与计算机间的通信接口,操作面板两侧有散热孔,功率参数较大的变频器顶部设计有散热风扇,电源进线孔和去电动机的出线孔在变频器的下部。

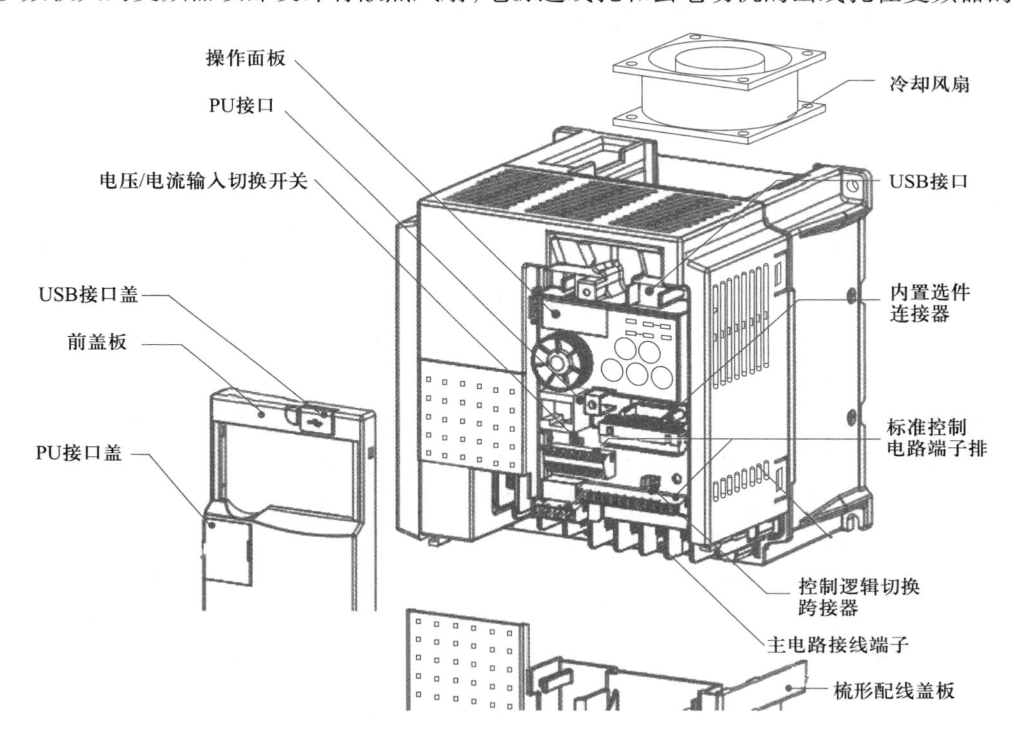

图7-2　三菱FR-E740变频器的结构

二、变频器铭牌参数

三菱变频器铭牌分为容量铭牌和额定铭牌。容量铭牌与额定铭牌在不同容量的变频器上的位置也不同,一般需要根据外形尺寸图进行确认。三菱 FR–E740 型变频器铭牌参数如图 7–3 所示。

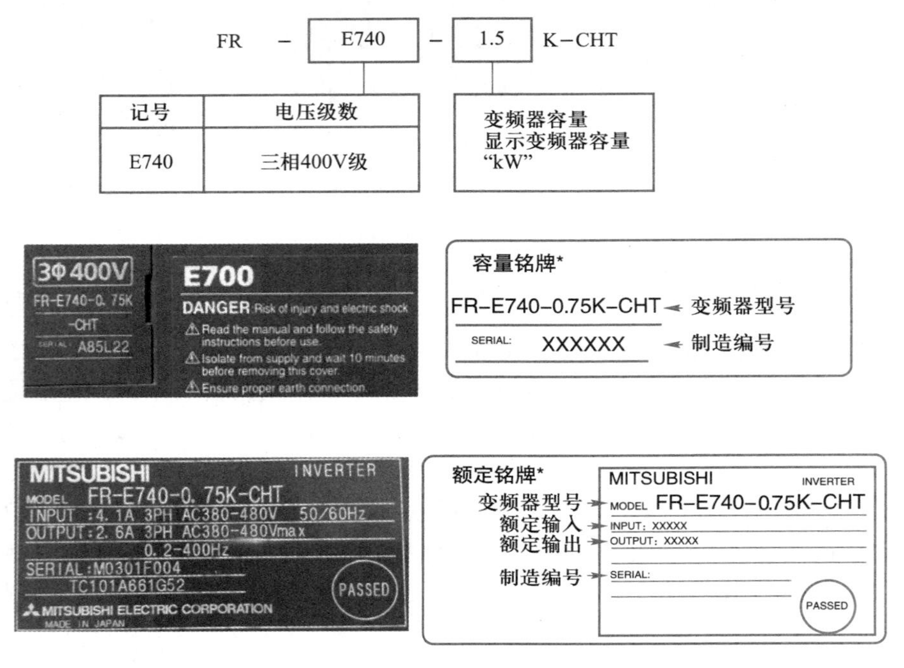

图7–3　三菱FR–E740变频器铭牌参数

三、变频器的分类

1. 按输入电压等级分类

变频器按输入电压等级可分低压变频器和高压变频器,低压变频器国内常见的有单相 220 V 变频器、三相 380V 变频器。高压变频器一般有 6 kV、10 kV 变频器,控制方式一般是按高 – 低 – 高变频器或高 – 高变频器方式进行变换的。

2. 按变换频率的方法分类

变频器按变换频率的方法分为交 – 交型变频器和交 – 直 – 交型变频器。交 – 交型变频器可将工频交流电直接转换成频率、电压均可以控制的交流电,故称直接式变频器。交 – 直 – 交型变频器则是先把工频交流电通过整流装置转变成直流电,然后再把直流电变换成频率、电压均可以调节的交流电,故又称为间接型变频器。

3. 按直流电源的性质分类

在交 – 直 – 交型变频器中,按主电路电源变换成直流电源的过程中,直流电源的性质分为电压型变频器和电流型变频器。

4. 按控制方式的不同分类

低压通用变频器输出电压为380 ~ 650 V，输出功率为0.75 ~ 400 kW，工作频率为0 ~ 400 Hz，它的主电路都采用交 - 直 - 交电路。其控制方式经历了以下四代：

（1）正弦脉宽调制（SPWM）控制方式

其特点是控制电路结构简单、成本较低，机械特性硬度也较好，能够满足一般传动的平滑调速要求，已在产业的各个领域得到广泛应用。但是，这种控制方式在低频时，由于输出电压较低，转矩受定子电阻压降的影响比较显著，使输出最大转矩减小。另外，其机械特性终究没有直流电动机硬，动态转矩能力和静态调速性能都还不尽如人意，且系统性能不高、控制曲线会随负载的变化而变化，转矩响应慢、电动机转矩利用率不高，低速时因定子电阻和逆变器死区效应的存在而性能下降，稳定性变差等。因此人们又研究出矢量控制变频调速。

（2）电压空间矢量（SVPWM）控制方式

它是以三相波形整体生成效果为前提，以逼近电动机气隙的理想圆形旋转磁场轨迹为目的，一次生成三相调制波形，以内切多边形逼近圆的方式进行控制的。经实践使用后又有所改进，即引入频率补偿，能消除速度控制的误差；通过反馈估算磁链幅值，消除低速时定子电阻的影响；将输出电压、电流闭环，以提高动态的精度和稳定度。但控制电路环节较多，且没有引入转矩的调节，所以系统性能没有得到根本改善。

（3）矢量控制（VC）方式

矢量控制变频调速的做法是将异步电动机在三相坐标系下的定子电流 I_a、I_b、I_c 通过三相→两相变换，等效成两相静止坐标系下的交流电流 I_{a1}、I_{b1}，再通过按转子磁场定向旋转变换，等效成同步旋转坐标系下的直流电流 I_{m1}、I_{t1}（I_{m1} 相当于直流电动机的励磁电流；I_{t1} 相当于与转矩成正比的电枢电流），然后模仿直流电动机的控制方法，求得直流电动机的控制量，经过相应的坐标反变换，实现对异步电动机的控制。其实质是将交流电动机等效为直流电动机，分别对速度，磁场两个分量进行独立控制。通过控制转子磁链，然后分解定子电流而获得转矩和磁场两个分量，经坐标变换，实现正交或解耦控制。矢量控制方法的提出具有划时代的意义。然而在实际应用中，由于转子磁链难以准确观测，系统特性受电动机参数的影响较大，且在等效直流电动机控制过程中所用矢量旋转变换较复杂，使得实际的控制效果难以达到理想分析的结果。

（4）直接转矩控制（DTC）方式

1985年，德国鲁尔大学的DePenbrock教授首次提出了直接转矩控制变频技术。该技术在很大程度上解决了上述矢量控制的不足，并以新颖的控制思想、简洁明了的系统结构、优良的动静态性能得到了迅速发展。该技术已成功地应用在电力机车牵引的大功率交流传动上。直接转矩控制直接在定子坐标系下分析交流电动机的数学模型，控制电动机的磁链和转矩。它不需要将交流电动机等效为直流电动机，因而省去了矢量旋转变换中的许多复杂计算；它不需要模仿直流电动机的控制，也不需要为解耦而简化交流电动机的数学模型。

任务 1–2　变频器的拆解与安装

一、变频器前盖板和配线盖板的拆解与安装

1. 拆解

如图 7–4 所示，将前盖板沿箭头所示方向向前拉，即可将其卸下。

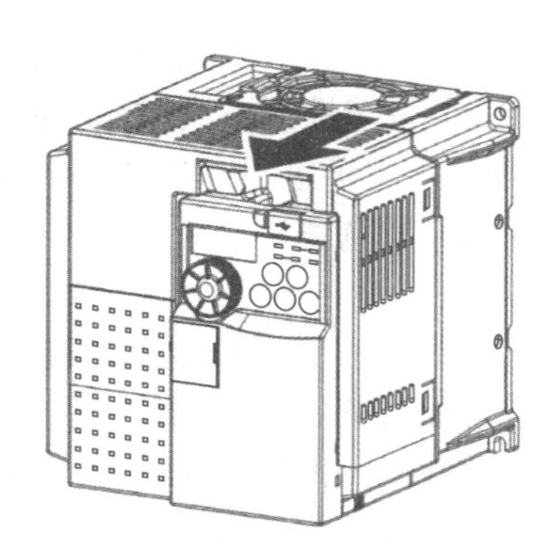
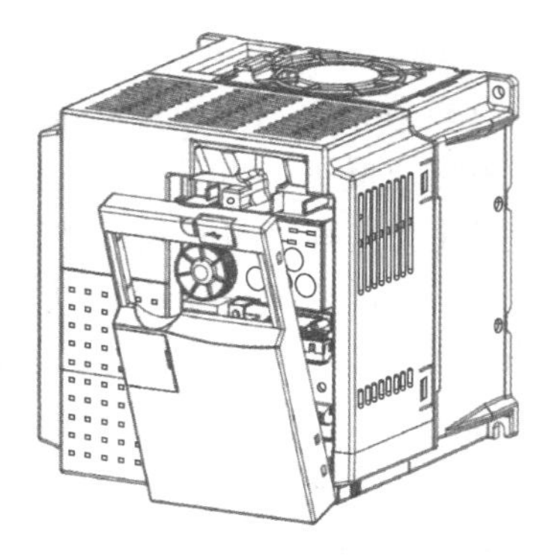

图7–4　变频器前盖板的拆解方法

2. 安装

安装时将前盖板对准主机正面垂直装入即可，如图 7–5 所示。安装好后需要检查以下两点。

（1）检查前盖板是否牢固安装好。

（2）变频器前盖板上的容量铭牌和主机机身上的额定铭牌上印有相同的制造编号，安装后需要检查制造编号，以确保将拆下的前盖板安装在原来对应的变频器上。

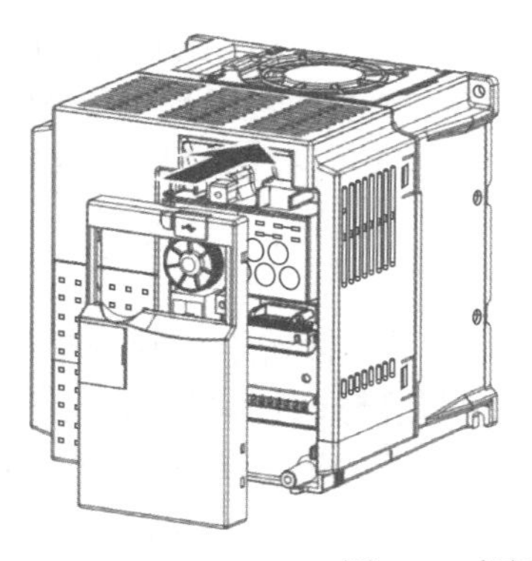
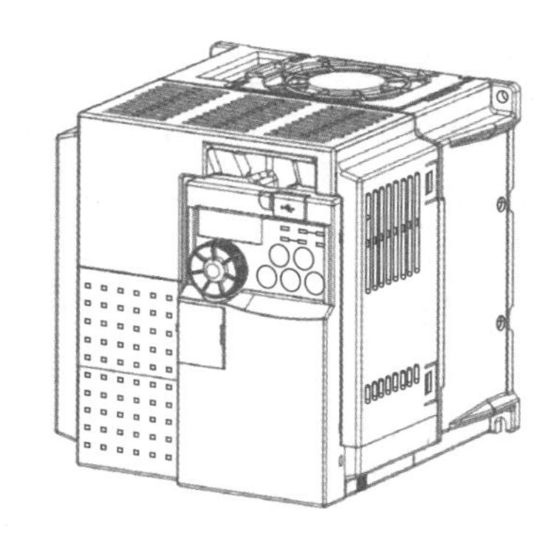

图7–5　变频器前盖板的安装方法

二、变频器配线盖板的拆解与安装

如图 7–6 所示，将配线盖板向前拉即可轻松卸下。安装时，则要对准安装导槽将配线盖板装在主机上。

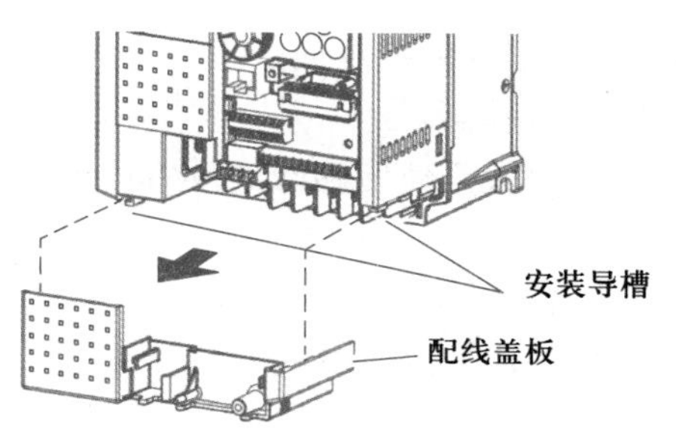

图7–6　配线盖板拆解与安装示意图

任务 1–3　探究变频器的内部结构

一、变频器的内部结构

交 – 直 – 交电压型变频器主要由整流电路（交流变直流）、滤波电路，逆变电路（直流变交流）制动电路、控制电路、驱动电路、检测电路、保护电路等。变频器内置有 32 位或 16 位的微处理器，具有多种算术逻辑运算和智能控制功能，输出频率精度高达 0.1% ~ 0.01%，具有完善检测、保护环节。在自动化系统中获得广泛的应用。通用型变频器的内部结构框图如图 7–7 所示。

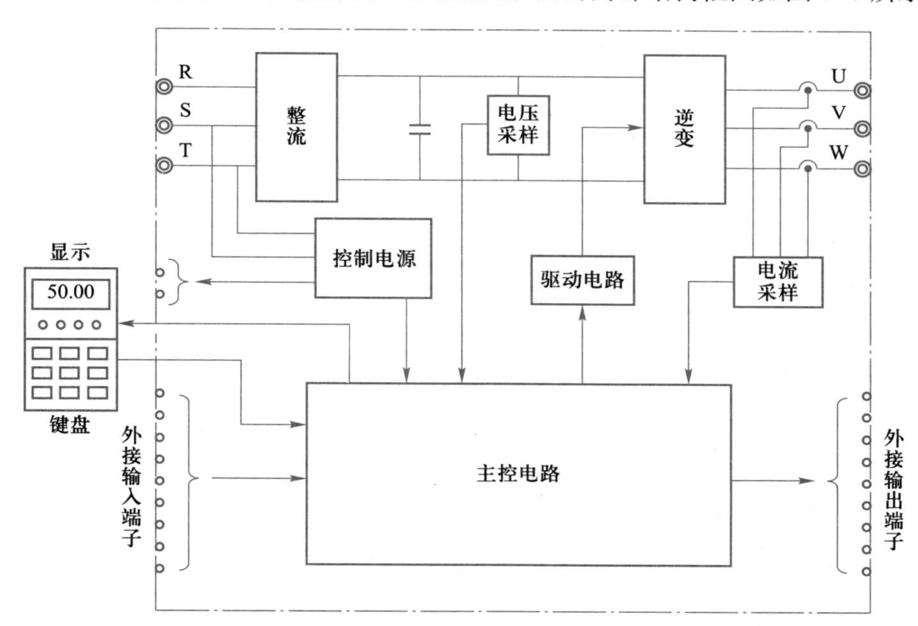

图7–7　通用型变频器的内部结构框图

1. 主控电路

（1）主控电路的基本任务

1）接收各种信号

① 在功能预置阶段，接收对各功能的预置信号。

② 接收从键盘或外接输入端子输入的给定信号。

③ 接收从外接输入端子输入的控制信号。

④ 接收从电压、电流采样电路以及其他传感器输入的状态信号。

2）进行基本运算

① 进行向量控制运算或其他必要的运算。

② 实时地计算出 SPWM 波形各切换点的时刻。

3）输出计算结果

① 输出至逆变器件模块的驱动电路，使逆变器件按给定信号及预置要求输出 SPWM 电压波。

② 输出给显示器，显示当前的各种状态。

③ 输出给外接输出控制端子。

（2）主控电路的其他任务

1）实现各项控制功能

接收从键盘和外接输入端子输入的各种控制信号，对 SPWM 信号进行启动、停止、升速、降速、点动等控制。

2）实施各项保护功能

接收来自电压、电流采样电路以及其他传感器（如温度传感器）的信号，结合功能中预置的限值，进行比较和判断，若判定已经出现故障，则：

① 停止发出 SPWM 信号，使变频器中止输出。

② 向输出控制端输出报警信号。

③ 向显示器输出故障原因信号。

2. 控制电源、采样电路及驱动电路

（1）控制电源

控制电源为以下各部分电路提供稳压电源。

1）主控电路

主控电路以微型计算机电路为主体，要求提供稳定性非常高的 0 ~ +5 V 电源。

2）外控电路

① 为给定电位器提供电源，通常为 0 ~ +5 V 或 0 ~ +10 V。

② 为外接传感器提供电源，通常为 0 ~ +24 V。

（2）采样电路

采样电路的作用主要是提供控制用数据和保护采样。

1）提供控制用数据

尤其是进行向量控制时，必须测定足够的数据，提供给微型计算机进行向量控制运算。

2）提供保护采样

将采样值提供给各保护电路（在主控电路内），在保护电路内与有关极限值进行比较，必要时采取跳闸等保护措施。

（3）驱动电路

驱动电路用于驱动各逆变管。若逆变管为 GTR，则驱动电路还包括以隔离变压器为主体的专用驱动电源。但现在大多数中、小容量变频器的逆变管都采用 IGBT 管，逆变管的控制极和集电极、发射极之间是隔离的，不再需要隔离变压器，故驱动电路常和主控电路在一起。

3. 整流电路和逆变电路

（1）整流电路

整流电路的功能是将交流电转换为直流电，变频器中应用最多的是三相桥式整流电路。按使用器件的不同，整流电路可分为不可控整流电路和可控整流电路。不可控整流电路使用的器件为电力二极管（PD），可控整流电路使用的器件通常为普通晶闸管（SCR）。

（2）逆变电路

逆变电路的功能是将直流电转换为交流电，变频器中应用最多的是三相桥式逆变电路。是由电力晶体管（GTR）组成的三相桥式逆变电路，该电路的关键就是对开关器件电力晶体管进行控制。目前，常用的开关器件有门极可关断晶体管（GTO）、电力晶体管（GTR 或 BJT）、功率场效晶体管（P-MOSFET）以及绝缘栅双极型晶体管（IGBT）。

二、控制逻辑功能的切换

变频器的控制逻辑有漏型逻辑和源型逻辑两种，输入信号出厂设定为漏型逻辑（SINK）。若要切换控制逻辑，需要切换控制端子上方的跨接器。具体方法为：使用镊子或尖嘴钳将漏型逻辑（ SINK）上 的跨接器转换到源型逻辑（SOURCE）上，如图 7-8 所示。

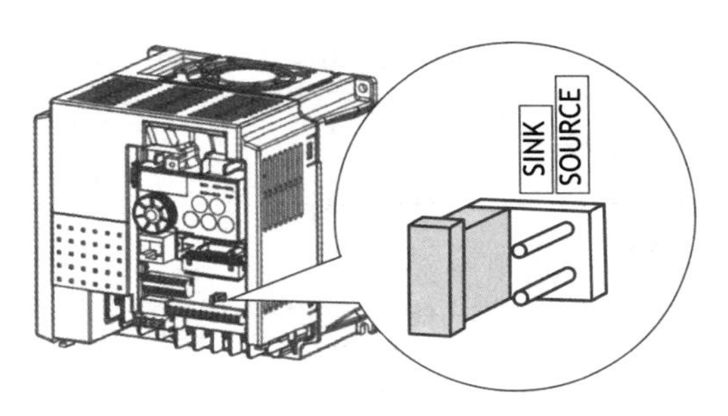

图7-8　控制逻辑切换

转换跨接器时，要在变频器未通电的情况下进行。漏型、源型逻辑的切换跨接器请务必只安装在其中一侧。若两侧同时安装，可能会导致变频器损坏。

1. 漏型逻辑

漏型逻辑指信号输入端子有电流流出时信号为 ON 的逻辑。选择漏型逻辑时有关输入输出信号的电流流向如图 7-9 所示。端子 SD 是接点输入信号的公共端端子。端子 SE 是集电极开路输出信号的公共端端子。

2. 源型逻辑

源型逻辑指信号输入端子中有电流流入时信号为 ON 的逻辑。选择源型逻辑时有关输入输出信号的电流流向如图 7-10 所示。端子 PC 是接点输入信号的公共端端子。端子 SE 是集电极开路输出信号的公共端端子。

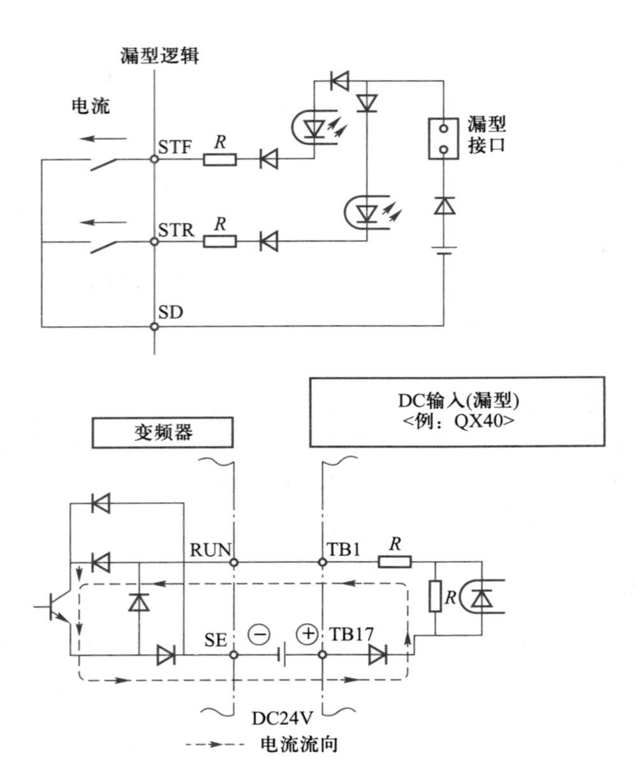

图7–9　漏型逻辑时输入输出信号的电流流向

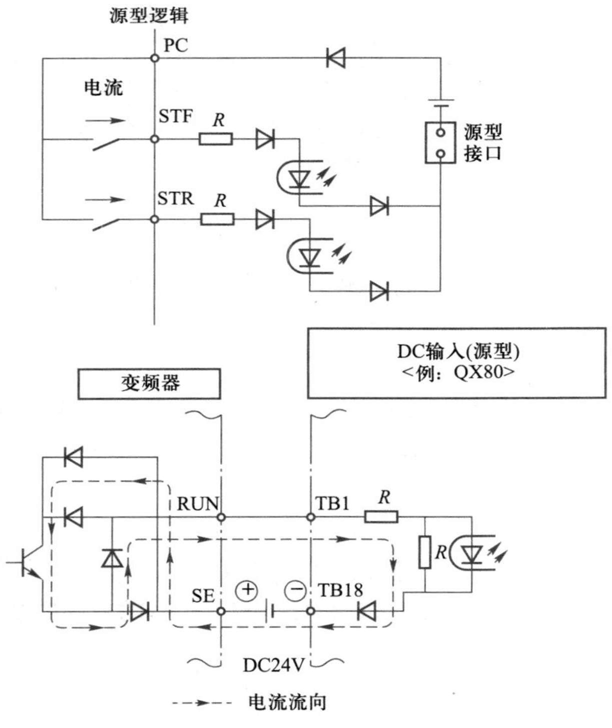

图7–10　源型逻辑时输入输出信号的电流流向

三、变频调速的基本控制方式

异步电动机的同步转速，即旋转磁场的转速为

$$n_1=\frac{60f_1}{p} \tag{7-1}$$

式中，n_1 ——同步转速，单位为 r/min；

f_1 ——电源频率，单位为 Hz；

p ——磁极对数。

而异步电动机的轴转速为

$$n=n_1(1-s)=\frac{60f_1}{p}(1-s) \tag{7-2}$$

式中，s 为异步电动机的转差率，$s=(n_1-n)/n_1$。

可见，改变异步电动机的供电频率，可以改变其同步转速，实现调速运行。对异步电动机进行调速控制时，通常希望电动机的主磁通保持额定值不变。因为磁通太弱，铁心利用不充分，同样的转子电流下，电磁转矩小，电动机的负载能力下降；磁通太强，则处于过励磁状态，使励磁电流过大，这就限制了定子电流的负载分量。为使电动机不过热，负载能力也要下降。异步电动机的气隙磁通（主磁通）是定、转子合成磁动势产生的，下面说明怎样才能使气隙磁通保持恒定。

由电动机理论可知，三相异步电动机定子每相电动势的有效值为

$$E_1=4.44f_1N_1\Phi_M \tag{7-3}$$

式中，E_1 ——旋转磁场切割定子绕组产生的感应电动势，单位为 V；

f_1 ——定子电流频率，单位为 Hz；

N_1 ——定子相绕组的有效匝数；

Φ_M——每极磁通量，单位为 Wb。

由式（7-3）可见，Φ_M 的值由 E_1 和 f_1 共同决定，对 E_1 和 f_1 进行适当的控制，就可以使气隙磁通 Φ_M 保持额定值不变。下面分两种情况进行说明：

1. 基频以下的恒磁通变频调速

这是考虑从基频（电动机额定频率 f_{1N}）向下调速的情况。为了保持电动机的负载能力，应保持气隙主磁通 Φ_M 不变，这就要求降低供电频率的同时降低感应电动势，保持 $E_1/f_1=$ 常数，即保持电动势与频率之比为常数进行控制。这种控制又称恒磁通变频调速，属于恒转矩调速方式。但是，E_1 难于直接检测和直接控制。当 E_1 和 f_1 的值较高时，定子的漏阻抗压降相对比较小，如忽略不计，则可以近似地保持定子相电压 U_1 和频率 f_1 的比值为常数，即认为 $U_1=E_1$，保持 $U_1/f_1=$ 常数即可。这就是恒压频比控制方式，是近似的恒磁通控制。

当频率较低时，U_1 和 E_1 都变小，定子漏阻抗压降（主要是定子电阻压降）不能再忽略。这种情况下，可以人为地适当提高定子电压以补偿定子电压降的影响，使气隙磁通基本保持不变。如图 7-11 所示，其中直线 1 为 $U_1/f_1=C$ 时的电压、频率关系，直线 2 为有电压补偿时（近似的 $E_1/f_1=C$）的电压、频率关系。实际装置中，U_1 与 f_1 的函数关系并不简单的如直线 2 所示。通用变频器中 U_1 与 f_1 之间的函数关系有很多种，可以根据负载性质和运行状况加以选择。

2. 基频以上的弱磁变频调速

这是考虑由基频开始向上调速的情况。频率由额定值 f_{1N} 向上增大，但电压 U_1 受额定电压

U_{1N} 的限制不能再升高，只能保持 $U_1=U_{1N}$ 不变。这样必然会使主磁通随着 f_1 的上升而减小，相当于直流电动机弱磁调速的情况，属于近似的恒功率调速方式。

综合上述两种情况，异步电动机变频调速的基本控制方式如图 7–12 所示。

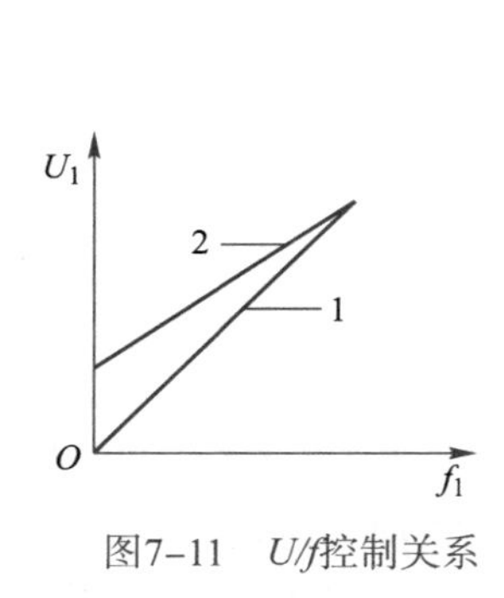

图7–11　U/f控制关系

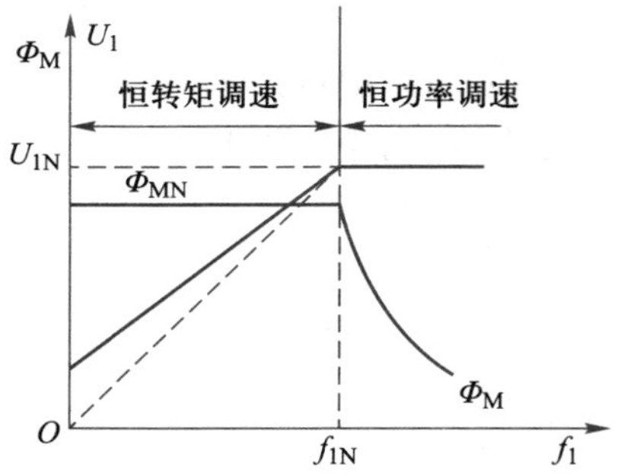

图7–12　基本控制方式

由上面的讨论可知，异步电动机的变频调速必须按照一定的规律同时改变其定子电压和频率，即必须通过变频装置获得电压频率均可调节的供电电源，实现所谓的 VVVF（Variable Voltage Variable Freqency）调速控制。通用变频器可满足这种异步电动机变频调速的基本要求。

任务 1–4　变频器硬件拆解

一、工具仪表及器材

1. 器材准备：三菱 FR–E740\FR–E720 变频器或其他品牌系列变频器，并编号
2. 选择工具仪表：电工常用工具 1 套，数字式万用表 1 块

二、认识变频器铭牌

在指导教师的指导下，识别所给变频器的品牌、功率及电压等级。仔细观察铭牌参数，熟悉它们的外形、型号，注意识别主电路接线桩、信号控制接线端子和通信接口布局等。

三、变频器硬件拆解

在指导教师的指导下，按照图 7–4 和图 7–5 反复练习前盖板的拆解和安装，按照图 7–6 反复练习配线盖板的拆解和安装。并熟悉变频器主电路接线桩和控制信号接线端子的排列顺序。

四、变频器控制逻辑方式切换

在指导教师的指导下，按照图 7–8 反复练习控制逻辑方式切换。

五、任务评分标准（见表 7–1）

表7–1　任务评分标准

项目内容	配分	评分标准		扣分
识读铭牌	20 分	（1）铭牌识读不正确扣 5 分 （2）不会查找相关资料扣 5 分		
前盖板的拆解与安装	30 分	（1）拆解方法不规范扣 10 分 （2）损坏元器件扣 30 分		
配线盖板的拆解与安装	20 分	（1）拆解方法不规范扣 5 分 （2）损坏元器件扣 20 分		
逻辑控制方式的切换	20 分	（1）切换方法不规范扣 5 分 （2）损坏元器件扣 20 分		
安全文明生产	10 分	违反安全文明生产规程　扣 5 ~ 10 分		
备注			成绩	
开始时间		结束时间	实际时间	

任务二　变频器的选用、安装与调试

任务 2–1　变频器的选用

变频器的正确选用对于机械设备电控系统的正常运行是至关重要的。选择变频器，首先要按照机械设备的类型、负载转矩特性、调速范围、静态速度精度、起动转矩和使用环境的要求，然后决定选用何种控制方式和防护结构的变频器最合适。所谓合适是在满足机械设备的实际工艺生产要求和使用场合的前提下，实现变频器应用的最佳性价比。

一、根据负载类型的选用

在实际的工业控制中，生产机械根据负载转矩特性的不同，可将负载分为三大类型：恒定转矩负载、恒定功率负载和平方降转矩负载。选择变频器时自然应以负载特性为基本依据。

1. 恒定转矩负载

负载转矩 T_L 与转速 n 无关，任何转速下 T_L 总保持恒定或基本恒定。例如，传送带、搅拌机，挤压机等摩擦类负载以及吊车、提升机等位能负载都属于恒定转矩负载。变频器拖动恒定转矩性质的负载时，低速度下的转矩要足够大，并且有足够的过载能力。如果需要在低速度下的稳速运行，应该考虑标准异步电动机的散热能力，避免电动机的温升过高。

2. 恒定功率负载

机床主轴和轧机、造纸机、塑料薄膜生产线中的卷取机、开卷机等要求的转矩，大体与转速成反比，这就是所谓的恒功率负载。负载的恒功率性质应该是就一定的速度变化范围而言的。当速度很低时，受机械强度的限制，T_L 不可能无限增大，在低速度下转变为恒转矩性质。负载的恒功率区和恒定转矩区对传动方案的选择有很大的影响。电动机在恒磁通调速时，最大容许输出转矩不变，属于恒转矩调速；而在弱磁调速时，最大容许输出转矩与速度成反比，属于恒功率调速。如果电动机的恒转矩和恒功率调速的范围与负载的恒转矩和恒定功率范围相一致时，即所谓"匹配"的情况下，电动机的容量和变频器的容量均最小。

3. 降转矩类负载

在各种风机、水泵、油泵中，随叶轮的转动，空气或液体在一定的速度范围内所产生的阻力大致与速度的 2 次方成正比。随着转速的减小，转矩按转速的 2 次方减小。这种负载所需的功率与速度的 3 次方成正比。当所需风量、流量减小时，利用变频器通过调速的方式来调节风量、流量，可以大幅度地节约电能。由于高速时所需功率随转速增长过快，与速度的 3 次方成正比，所以通常不应使风机、泵类负载的超工频运行。

二、根据电动机应用场合选择变频器

采用变频器对异步电动机进行调速时，在异步电动机确定后，通常根据异步电动机的额定电流来选择变频器，或者根据异步电动机实际运行中的电流值（最大值）来选择变频器。

1. 连续运行的场合

由于变频器供给电动机的电流是脉动电流，其脉动值比工频供电时的电流要大。因此须将变频器的容量留有适当的余量。

通常应使变频器的额定输出电流不小于 1.05 ~ 1.1 倍电动机的额定电流（铭牌值）或电动机实际运行中的最大电流。

2. 加、减速时变频器容量的选定

变频器的最大输出转矩是由变频器的最大输出电流决定的。一般情况下，对于短时间的加、减速而言，变频器允许达到额定输出电流的 130% ~ 150%（视变频器容量而定）。在短时加、减速时的输出转矩也可以增大；反之，如只需要较小的加、减速转矩时，也可降低选择变频器的容量。由于电流的脉动原因，此时应将变频器的最大输出电流降低 10% 后再进行选定。

3. 频繁加、减速运转时变频器容量的选定

对于频繁加、减速运转时，可根据加速、恒速、减速等各种运行状态下变频器的电流值来确定变频器额定输出电流 I_{INV}。

$$I_{INV}=[(I_1t_1+I_2t_2+\cdots+I_nt_n)/(t_1+t_2+\cdots+t_n)]K_0 \tag{7-4}$$

式中，I_1、I_2、…、I_n —— 各运行状态下的平均电流，单位为 A；

t_1、t_2、…、t_n —— 各运行状态下的时间，单位为 s；

K_0 —— 安全系数（频繁运行时 K_0 取 1.2，一般 K_0 取 1.1）。

4. 电流变化不规则的场合

运行中如果电动机电流不规则变化，此时不易获得运行特性曲线。这时，可使电动机在输出最大转矩时的电流限制在变频器的额定输出电流内进行选定。

5. 电动机直接启动时所需变频器容量的选定

通常，三相异步电动机直接用工频启动时启动电流为其额定电流的 5 ~ 7 倍，直接启动时可

按下式选取变频器：

$$I_{INV} \geqslant I_K/K_g \quad (7\text{–}5)$$

式中，I_K ——在额定电压、额定频率下电动机启动时的堵转电流，单位为 A；

K_g ——变频器的允许超载倍数，K_g =1.3 ~ 1.5。

6. 多台电动机共享一台变频器供电

上述 5 条仍适用，但应考虑以下几点：

（1）在电动机总功率相等的情况下，由多台小功率电动机组成的一方电动机效率，比由台数少但电动机功率较大的方低，因此两者电流总值并不等，可根据各电动机的电流总值来选择变频器。

（2）在整定软启动、软停止时，一定要按启动最慢的那电动机进行整定。

（3）若有一部分电动机直接启动时，可按下式进行计算：

$$I_{INV} \geqslant [N_2 I_K + (N_1 - N_2) I_N]/K_g \quad (7\text{–}6)$$

式中，N_1 —— 电动机总台数；

N_2 —— 直接启动的电动机台数；

I_K —— 电动机直接启动时的堵转电流，单位为 A；

I_N —— 电动机额定电流，单位为 A；

K_g —— 变频器允许超载倍数（1.3 ~ 1.5）；

I_{INV} —— 变频器额定输出电流，单位为 A。

多台电动机依次进行直接启动，到最后一台时，启动条件最不利。

任务 2–2 变频器安装及环境要求

设计、制作变频器的控制柜时，须充分考虑到控制柜内各装置的发热及使用场所的环境等因素，然后再决定控制柜的结构、尺寸和装置的配置。变频器单元中较多采用了半导体元件，为了提高其可靠性并确保长期稳定的使用，必须考虑以下条件满足后进行安装调试。

一、变频器的安装环境要求

1. 环境温度变化对变频器的影响

变频器的容许周围温度范围是 –10℃ ~ +50℃，必须在此温度范围内使用。超过此范围使用时，半导体、零件、电容器等的寿命会显著缩短。高温过高必须采用强制换气等措施保证控制柜周围良好的通风。

2. 湿度对变频器的影响

变频器的使用周围湿度范围通常为 45% ~ 90%，必须在此湿度范围内使用。湿度过高时会导致绝缘能力降低及金属部位的腐蚀现象。同时，如果湿度过高，也会对空间绝缘产生破坏。

3. 尘埃、油雾对变频器的影响

尘埃会引起接触部的接触不良，积尘吸湿后会导致绝缘能力降低、冷却效果下降，过滤网孔堵塞会引起控制柜内温度上升等不良现象。另外，在有导电性粉末漂浮的环境下，会在短时间内产生误动作、绝缘劣化或短路等故障。有油雾的情况下也会发生同样的状况，有必要采取充分的对策。

4. 腐蚀性气体、盐害对变频器的影响

变频器安装在有腐蚀性气体的场所或是海岸附近易受盐害影响的场所使用时，会导致印刷线路板的线路图案及零部件腐蚀、继电器开关部位的接触不良等现象。

5. 易燃易爆性气体对变频器的影响

变频器并非防爆结构设计，必须安装在防爆结构的控制柜内使用。在可能会由于爆炸性气体、粉尘引起爆炸的场所下使用时，必须使用结构上符合相关法令规定的标准指标并检验合格的控制柜。这样，控制柜的价格（包括检验费用）会非常高。因此，最好避免安装在以上场所，而应安装在安全的场所使用。

6. 振动、冲击对变频器的影响

变频器的耐振强度应在振频 10 ~ 55 Hz、振幅 1 mm、加速度 5.9 m/s^2 以下。即使振动及冲击在规定值以下，如果承受时间过长，也会引起机构部位松动、连接器接触不良等问题。特别是反复施加冲击时比较容易产生零件安装脚的折断等故障，应加以注意。

二、变频器的安装与接线

1. 变频器的固定与布局

变频器在电气柜中安装前可以先拆卸前盖板和配线盖板，变频器四周的螺钉孔安装好固定螺栓，并锁紧螺母。在配电柜中安装多个变频器时，要并列放置，垂直安装变频器。安装后采取必要的冷却措施。如图 7-13 所示。

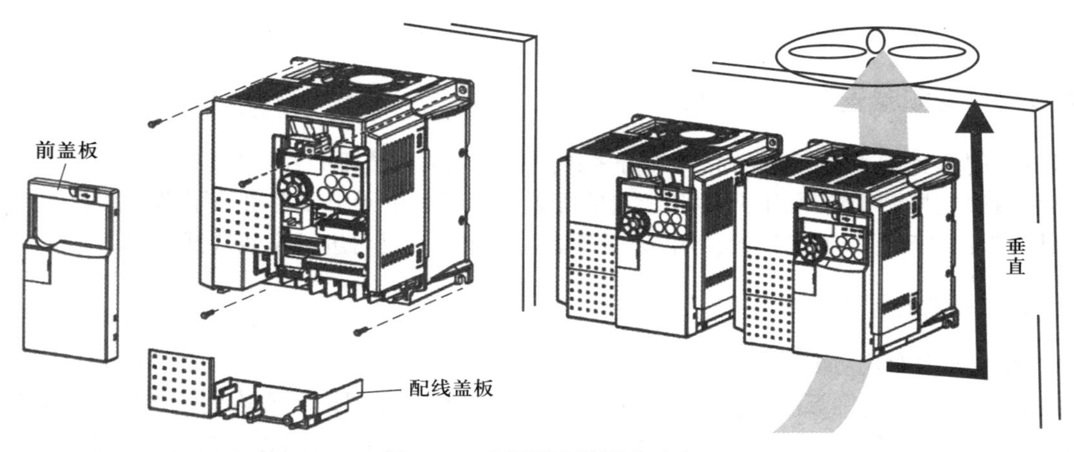

图7-13　变频器安装固定示意

为了散热及维护方便，变频器与其他装置及控制柜壁面应分开一定距离，确保周围空间尺寸上下间距大于 10 cm，左右间距大于 1 cm。如变频器容量大于 5.5 kW 及以上，两侧间距应大于 5 cm。如图 7-14 所示。变频器下部作为接线空间。内置在变频器单元中的小型风扇会使变频器内部的热量从下往上上升，因此，如果要在变频器上部配置器件，应确保该器件即使受到热的影响也不会发生故障。

变频器内部产生的热量通过冷却风扇的冷却成为暖风从单元的下部向上部流动。安装风扇进行通风时，应考虑风的流向，决定换气风扇的安装位置。风会从阻力较小的地方通过。应制作风道或整流板等确保冷风吹向变频器。在安装变频器时应设计合理的通风风道如图 7–15 所示。

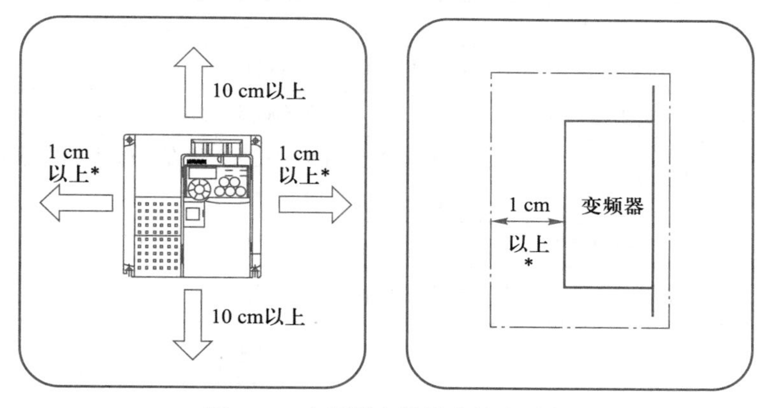

图7–14　变频器安装周边尺寸要求

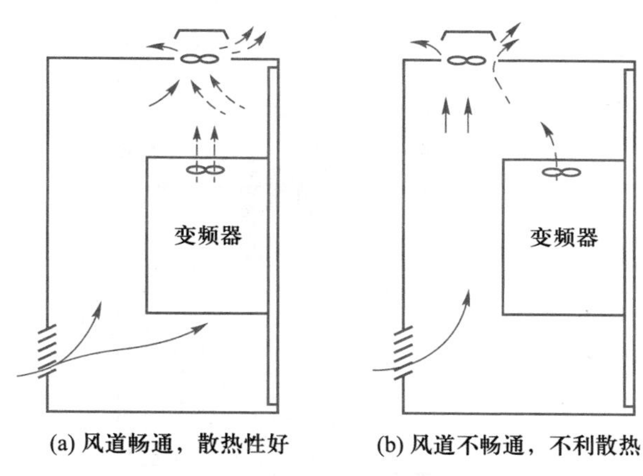

图7–15　电气柜合理的风道设计示意

2. 变频器的标准接线与端子功能

各种系列的变频器都有其标准接线端子,它们的这些接线端子与其自身功能的实现密切相关,但都大同小异。变频器接线主要有两部分:一部分是主电路接线;另一部分是控制电路接线。控制电路部分又分:信号输入、输出端子和通信信号端子。本任务主要介绍三菱 FR- E740 系列变频器的基本原理接线图,如图 7–16 所示。

（1）变频器主电路接线端子

变频器输入输出主电路接线端子排列布局,如图 7–17 所示。

变频器主电路接线端子的名称及功能说明见表 7–2。

表7–2　变频器主电路接线端子的名称及功能说明

端子记号	端子名称	端子功能说明
R/L1、S/L2、T/L3	交流电源输入	连接工频电源 当使用高功率因子变流器(FR–HC)及共直流母线变流器(FR–CV)时不要连接任何设备

续表

端子记号	端子名称	端子功能说明
U、V、W	变频器输出	连接三相笼型异步电动机
P/+、PR	制动电阻器连接	在端子 P/+、PR 间连接选购的制动电阻器(FR－ABR)
P/+、N/–	制动单元连接	连接制动单元(FR– BU2)、共直流母线变流器(FR–CV) 以及高功率因子变流器(FR– HC)
P/+、P1	直流电抗器连接	拆下端子 P/+、P1 间的短路片,连接直流电抗器
⏚	接地	变频器机架接地用,必须接地

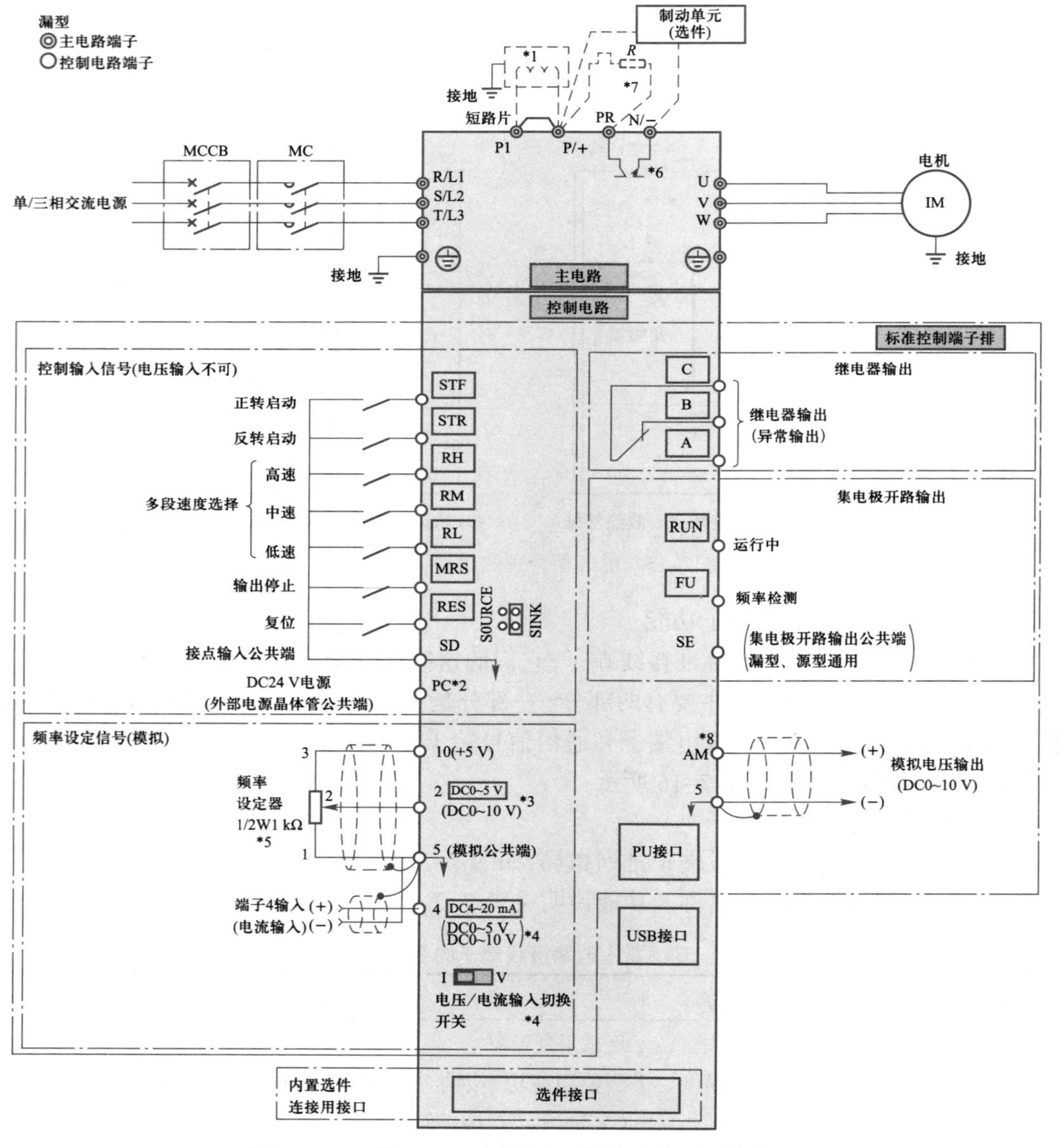

图7–16　三菱FR–E740系列变频器的基本原理接线图

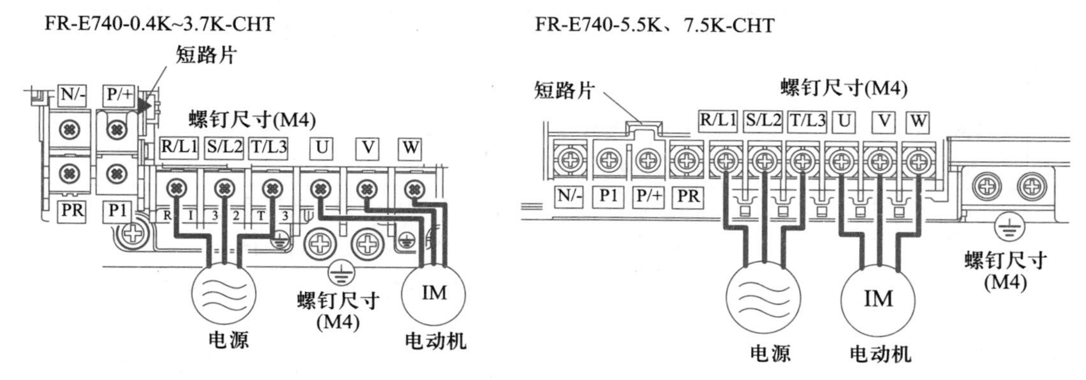

图7-17　变频器输入输出主电路接线端子排列布局

（2）外接输入控制端

外接输入控制端接收的都是开关量信号，所有端子大体上可以分为两大类：

1）基本控制输入端，如运行、停止、正转、反转、点动、复位等。这些端子的功能是变频器在出厂时已经标定的，不能再更改。图 7-18 所示为三菱 FR-E740 系列变频器外接输入控制端子排列布局。

2）可编程控制输入端，由于变频器可能接受的控制信号多达数十种，但每个拖动系统同时使用的输入控制端子并不多。为了节省接线端子和减小体积，变频器只提供一定数量的“可编程控制输入端”，也称“多功能输入端子”。其具体功能虽然在出厂时也进行了设置，但并不固定，用户可以根据需要进行预置。

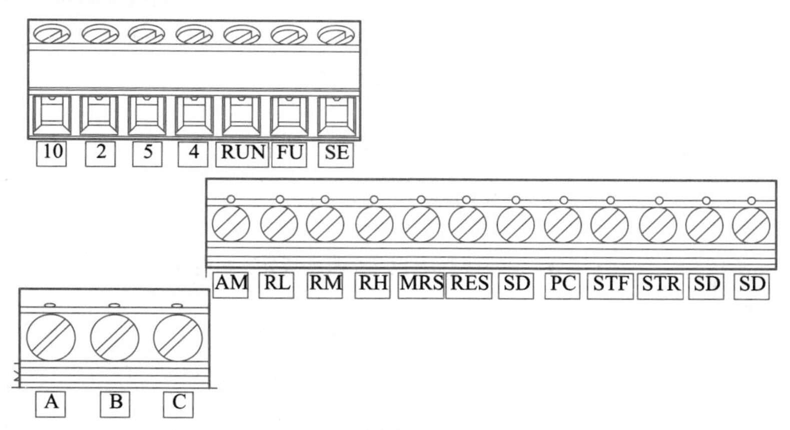

图7-18　三菱FR-E740变频器外接输入控制端子排列

变频器控制回路输入信号端子的名称及功能说明见表 7-3。

表7-3　变频器控制回路输入信号端子的名称及功能说明

种类	端子记号	端子名称	端子功能说明	
接点输入	STF	正转启动	STF 信号 ON 时为正转、OFF 时为停止指令	STF、STR 信号同时 ON 时变成停止指令
	STR	反转启动	STR 信号 ON 时为反转、OFF 时为停止指令	

续表

种类	端子记号	端子名称	端子功能说明
接点输入	RH RM RL	多段速度选择	用 RH、RM 和 RL 信号的组合可以选择多段速度
	MRS	输出停止	MRS 信号 ON（20 ms 以上）时，变频器输出停止 用电磁制动停止电动机时用于断开变频器的输出
	RES	复位	复位用于解除保护回路动作时的报警输出。使 RS 信号处于 ON 状态 0.1 s 或以上，然后断开 初始设定为始终可进行复位。但进行了 Pr.75 的设定后，仅在变频器报警发生时可进行复位。复位所需时间约为 1 s
	SD	接点输入公共端（漏型，初始设定）	接点输入端子（漏型逻辑）
		外部晶体管公共端（源型）	源型逻辑时当连接晶体管输出（即集电极开路输出），例如可编程控制器（PLC）时，将晶体管输出用的外部电源公共端接到该端子时，可以防止因漏电引起的误动作
		DC24 V 电源公共端	DC24 V、0.1 A 电源（端子 PC）的公共输出端子。与端子 5 及端子 SE 绝缘
	PC	外部晶体管公共端（漏型，初始设定）	漏型逻辑时当连接晶体管输出（即集电极开路输出），例如可编程控制器（PLC）时，将晶体管输出用的外部电源公共端接到该端子时，可以防止因漏电引起的误动作
		接点输入公共端（源型）	接点输入端子（源型逻辑）的公共端子
		DC24 V 电源	可作为 DC24 V、0.1 A 的电源使用
频率设定	10	频率设定用电源	作为外接频率设定（速度设定）用电位器时的电源使用
	2	频率设定（电压）	如果输入 DC0 ~ 5 V（或 0 ~ 10 V），在 5 V（10 V）时为最大输出频率，输入输出成正比。通过 Pr.73 进行 DC0 ~ 5 V（初始设定）和 DC0 ~ 10 V 输入的切换操作
	4	频率设定（电流）	如果输入 DC4~20 mA（或 0 ~ 5 V, 0 ~ 10 V），在 20 mA 时为最大输出频率，输入输出成比例。只有 AU 信号为 ON 时端子 4 的输入信号才会有效（端子 2 的输入将无效）。通过 Pr.267 进行 4~20 mA（初始设定）和 DC0 ~ 5 V、DC0 ~ 10 V 输入的切换操作。电压输入（0 ~ 5 V/0 ~ 10 V）时，请将电压 / 电流输入切换开关切换至“V”
	5	频率设定公共端	频率设定信号（端子 2 或 4）及端子 AM 的公共端子。切勿接地

（3）外接输出控制端子

变频器控制回路输出信号端子的名称及功能说明见表 7–4。

表7–4　变频器控制回路输出信号端子的名称及功能说明

种类	端子记号	端子名称	端子功能说明	
继电器	A、B、C	继电器输出（异常输出）	指示变频器因保护功能动作而停止输出的接点 异常时：B–C 间不导通（A–C 间导通）；正常时：B–C 间导通（A–C 间不导通）	
集电极开路	RUN	变频器正在运行	变频器输出频率为启动频率（初始值 0.5 Hz）或以上时为低电平，正在停止或正在直流制动时为高电平	
	FU	频率检测	输出频率为任意设定的检测频率以上时为低电平，未达到时为高电平	
	SE	集电极开路输出公共端	端子 RUN、FU 的公共端子	
模拟	AM	模拟电压输出	可从多种监视项目中选中作为输出 输出信号与监视项目的大小成比例	输出项目： 输出频率 （初始设定）

（4）通信信号端子

变频器控制回路通信信号端子的名字及功能说明见表 7–5。

表7–5　变频器控制回路通信信号端子的名称及功能说明

种类	端子记号	端子名称	端子功能说明
RS–485	—	PU 界面	通过 PU 接口，可进行 RS–485 通信 ● 标准规格：EIA–485（RS–485） ● 传输方式：多站点通信 ● 通信速率：4 800 ～ 38 400 bps ● 总长距离：500 m
USB	—	USB 界面	与个人计算机通过 USB 连接后，可以实现 FR Configurator 的操作 ● 界面：USB1.1 标准 ● 传输速度：12 Mbps ● 连接器：USB

（5）接线注意事项

1）端子 SD、SE 以及端子 5 是输入输出信号的公共端端子，切不可将该公共端端子接大地。

2）控制电路端子的接线应使用屏蔽线或双绞线，而且必须与主电路、强电电路分开接线，屏蔽层应可靠接地。

3）由于控制电路的输入信号是微电流，所以在插入接点时，为了防止接触不良，微信号接点应使用两个以上并联的接点或使用双接点。

任务 2–3　变频器功能参数及运行操作

一、变频器基本参数的意义

1. 变频器的基本功能参数

变频器的基本功能参数见表 7–6。

表7–6　变频器的基本功能参数

参数号	参数名称	设定范围	出厂设定值
Pr.0	转矩提升	0~30%	3% 或 2%
Pr.1	上限频率	0 ~ 120 Hz	120 Hz
Pr.2	下限频率	0 ~ 120 Hz	0 Hz
Pr.3	基准频率	0 ~ 400 Hz	50 Hz
Pr.4	多段速度（高速）	0 ~ 400 Hz	60 Hz
Pr.5	多段速度（中速）	0 ~ 400 Hz	30 Hz
Pr.6	多段速度（低速）	0 ~ 400 Hz	10 Hz
Pr.7	加速时间	0 ~ 3 600 s	5 s
Pr.8	减速时间	0 ~ 3 600 s	5 s
Pr.9	电子过流保护	0 ~ 500 A	依据额定电流整定
Pr.10	直流制动动作频率	0 ~ 120 Hz	3 Hz
Pr.11	直流制动动作时间	0 ~ 10 s	0.5 s
Pr.12	直流制动电压	0 ~ 30%	4%
Pr.13	启动频率	0 ~ 60Hz	5 Hz
Pr.14	适用负荷选择	0 ~ 3	0
Pr.15	点动频率	0 ~ 400Hz	5 Hz
Pr.16	点动加、减速时间	0 ~ 360s	0.5 s
Pr.17	MRS 端子输入选择	0,2	0
Pr.20	加、减速参考频率	1 ~ 400Hz	50 Hz
Pr.77	参数禁止写入选择	0,1,2	0

续表

参数号	参数名称	设定范围	出厂设定值
Pr.78	逆转防止选择	0,1,2	0
Pr.79	操作模式选择	0,1,2,3,4,6,7	0

2. 基本功能参数的意义

（1）转矩提升（Pr.0）

Pr.0 主要用于设定电动机启动时的转矩大小，通过设定此参数，补偿电动机绕组上的电压降，改善电动机低速时的转矩性能，假定基准频率电压为 100%，用百分数设定 0 时的电压值。设定过大，将导致电动机过热；设定过小，启动力矩不够，一般最大值设定为 10%。

（2）上限频率（Pr.1）和下限频率（Pr.2）

Pr.1 和 Pr.2 是两个设定电动机运转上限和下限频率的参数。Pr.1 设定输出频率的上限，如果运行频率设定值高于此值，则输出频率钳位在上限频率值；Pr.2 设定输出频率的下限，如果运行频率设定值低于此值，则输出频率钳位在下限频率值。在这两个值确定之后，电动机的运行频率就在此范围内设定。

（3）基准频率（Pr.3）

Pr.3 主要用于调整变频器输出到电动机的额定值。当用标准电机时，通常设定为电动机的额定频率；当需要电动机运行在工频电源与变频器切换时，设定与电源频率相同。

（4）多段速度（Pr.4、Pr.5、Pr.6）

用 Pr.4、Pr.5、Pr.6 将多段运行速度预先设定，经过输入端子进行切换，各输入端子的状态与参数之间的对应关系见表 7–7。

表7–7　各输入端子的状态与参数之间的对应关系

输入端态	RH	RM	RL	RM、RL	RH、RL	RH、RM	RH、RM、RL
参数号	Pr.4	Pr.5	Pr.6	Pr.24	Pr.25	Pr. 26	Pr.27

Pr.24、Pr.25、Pr.26 和 Pr.27 也是多段速度的运行参数，与 Pr.4、Pr.5、Pr.6 组成 7 种速度的运行参数。

设定多段速度参数时需注意以下几点：

① 在变频器运行期间，每种速度（频率）均能在 0 ~ 400 Hz 范围内被设定。

② 多段速度在 PU 运行和外部运行中都可以被设定。

③ 多段速度比主速度优先。

④ 运行期间参数值可以改变。

⑤ 以上各参数之间的设定没有优先级。

在以上 7 种速度的基础上，借助于端子 REX 信号，又可实现 8 种速度，其对应的参数是 Pr.232 ~ Pr.239，见表 7–8。

表7-8 各输入端子的状态与参数之间的对应关系

对应端子	REX	REX、RL	REX、RM	REX、RM、RL	REX、RH	REX、RH、RL	REX、RH、RM	REX、RH、RM、RL
参数号	Pr.232	Pr.233	Pr.234	Pr.235	Pr.236	Pr.237	Pr.238	Pr.239

注：REX 端子通过 Pr.180 ~ Pr.186 的参数设定来确定。

（5）加、减速时间（Pr.7、Pr.8）及加、减速基准频率（Pr.20）

Pr7、Pr.8 用于设定电动机加速、减速时间，Pr.7 的值设得越小，加速时间越快；Pr.8 的值设得越大，减速越慢。Pr.20 是加、减速基准频率，Pr.7 设的值就是从 0 加速到 Pr.20 所设定的基准频率的时间；Pr.8 设的值就是从 Pr.20 所设定的基准频率减速到 0 的时间。

（6）电子过流保护（Pr.9）

通过设定电子过流保护的电流值，可防止电动机过热，可以得到最优的保护性能。设定过流保护需注意以下事项：

① 当变频器带动两台或三台电动机时，此参数的值应设为“0”，即不起保护作用，每台电动机外接热继电器来保护。

② 特殊电动机不能用过流保护和外接热继电器保护。

③ 当变频器控制一台电动机运行时，此参数的值应设为 1 ~ 1.2 倍的电动机额定电流。

（7）直流制动相关参数（Pr.10、Pr.11、Pr.12）

Pr.10 是直流制动时的动作频率，Pr.11 是直流制动时的动作时间（作用时间），Pr.12 是直流制动时的电压（转矩），通过这三个参数的设定，可以提高电动机停止的准确度，使之符合负载的运行要求。

（8）启动频率（Pr.13）

Pr.13 参数设定在电动机开始启动时的频率，如果设定频率（运行频率）设定值较此值小，电动机不运转。若 Pr.13 的值低于 Pr.2 的值，即使没有运行频率（即为“0”），启动后电动机也将运行在 Pr.2 的设定值。

（9）负载类型选择参数（Pr.14）

用 Pr.14 可以选择与负载特性最适宜的输出特性（U/f 特性），如图 7-19 所示。

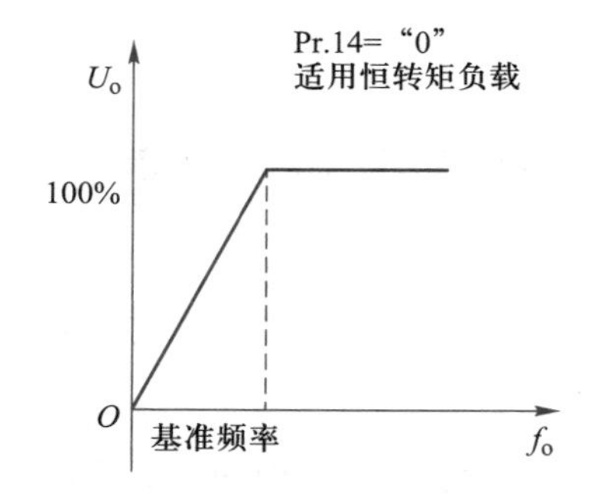

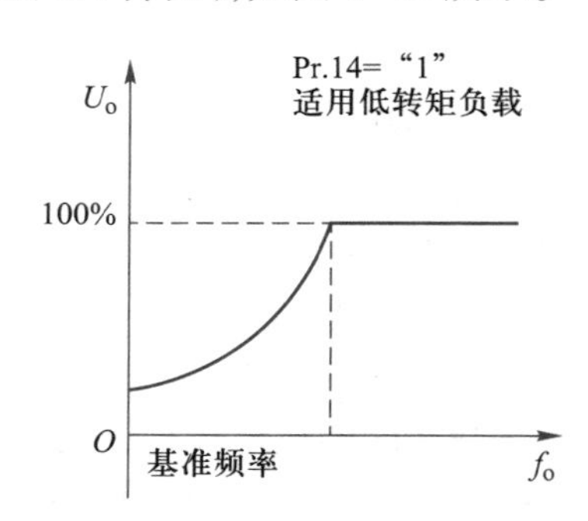

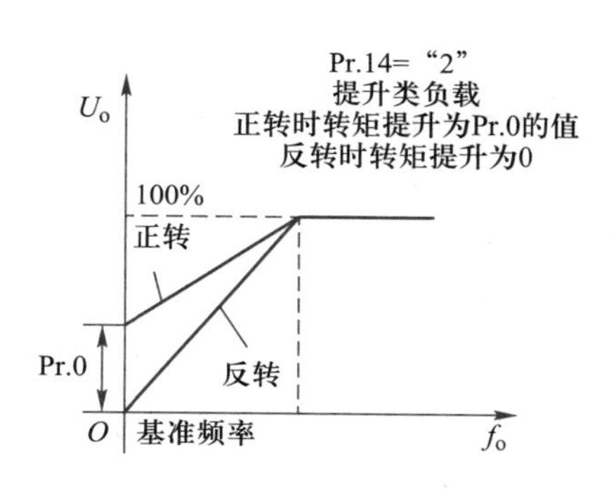

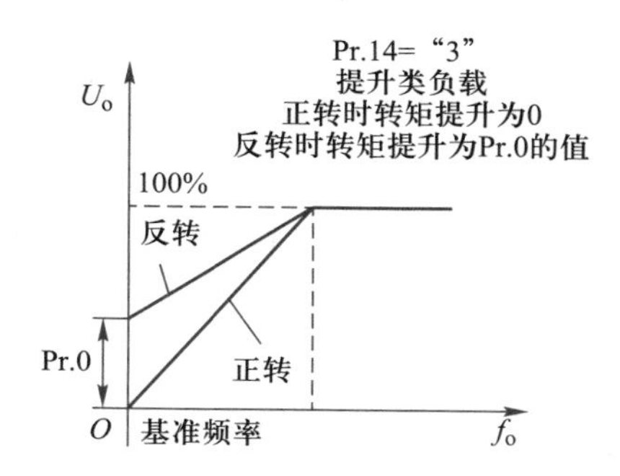

图7–19　Pr.14参数意义图

（10）点动运行频率（Pr.15）和点动加、减速时间（Pr.16）

Pr.15 参数设定点动状态下的运行频率。当变频器在 [外部操作] 模式时，用输入端子选择点动功能（接通控制端子 SD 与 JOG 即可）；当点动信号 ON 时，用启动信号（STF 或 STR）进行点动运行当变频器在 [PU 操作] 模式时，用操作单元上的操作键（FWD 或 REV）实现点动操作。用 Pr.16 参数设定点动状态下的加、减速时间。

（11）MRS 端子输入选择（Pr.17）

用于选择 MRS 端子的逻辑，如图 7–20 所示。

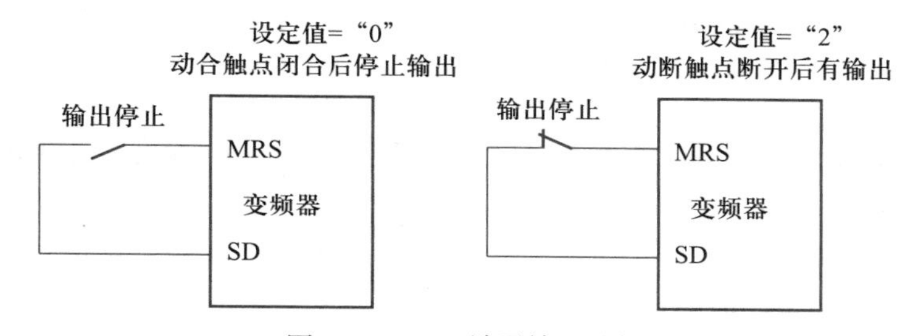

图7–20　MRS端子输入选择

（12）参数禁止写入选择（Pr.77）和逆转防止选择（Pr.78）

Pr.77 用于禁止或允许参数写入，主要用于防止参数被意外改写；Pr.78 用于泵类设备，防止反转，具体设定值见表 7–9。

表7–9　Pr.77、Pr.78的设定值及其相应菜单参数号

参数号	设定值	功能
Pr.77	0	在"PU"模式下，仅限于停止时可以写入（出厂设定值）
	1	不可写入参数，但 Pr.75、Pr.77、Pr.79 参数可以写入
	2	即使运行时也可以写入
Pr.78	0	正转和反转均可（出厂设定值）
	1	不可反转
	2	不可正转

（13）操作模式选择（Pr.79）

操作模式选择是一个比较重要的参数，用于确定变频器在什么模式下运行，其设定值及对应的工作模式见表 7–10。

表7–10　Pr.79设定值及其相对应的工作模式

Pr.79 设定值	工作模式
0	外部 /PU 切换模式（通过 (PU/EXT) 可切换外部、PU 运行模式）电源接通时为外都运行模式
1	PU 操作模式（参数单元操作）
2	外部操作模式（控制端子接线控制运行）
3	外部 /PU 组合运行模式 1，用参数单元设定运行频率，外都信号控制电动机启停
4	外部 /PU 组合运行模式 2，外部输入运行频率，用参数单元控制电动机启停
5	切换模式
6	外部运行模式（PU 运行互锁）

二、功能单元操作及参数设定方法

1. 操作面板功能单元

通用变额器的功能单元根据变频器生产厂家的不同而千差万别，但是它们的基本功能相同，主要有以下几个方面：

（1）显示频率、电流、电压等。

（2）设定操作模式、操作命令、功能码。

（3）读取变频器运行信息和故障报警信息。

（4）监视变频器运行。

（5）变频器运行参数的自整定。

（6）故障报警状态的复位。

图 7–21 所示为 FR – E740 系列变频器操作面板各旋钮和按键的功能说明。旋钮和按键的功能见表 7–11。

表7–11　旋钮和按键的功能

旋钮和按键	功能
M 旋钮（三菱变频器旋钮）	旋动该旋钮用于变更频率设定、参数的设定值，按下该旋钮可显示以下内容：监视模式时的设定频率；校正时的当前设定值；报警历史模式时的顺序
模式切换键 MODE	用于切换各设定模式 与运行模式切换键（PU/EXT）同时按下也可以用来切换运行模式。长按此键（2 s）可以锁定操作

续表

旋钮和按键	功能
设定确定键 SET	各设定的确定 运行中按此键则监视器出现以下显示:运行频率→输出电流→输出电压→运行频率
运行模式切换键	用于切换 PU/ 外部运行模式 使用外部运行模式(通过外接的频率设定电位器和启动信号启动的运行)时请按此键,使表示运行模式的 EXT 处于亮灯状态(切换至组合模式时,可同时按 MODE 键 0.5 s, 或者变更参数 Pr.79) PU:PU 运行模式 EXT:外部运行模式也可以解除 PU 停止
启动指令键	在 PU 模式下,按此键启动运行 通过 Pr. 40 的设定,可以选择旋转方向
停止运行键	在 PU 模式下,按此键停止运转 保护功能(严重故障)生效时,也可以进行报警复位
运行模式显示	PU:PU 运行模式时亮灯 EXT:外部运行模式时亮灯 NET:网络运行模式时亮灯
显示屏(4 位 LED)	显示频率、参数编号等
数据单位显示	Hz:显示频率时亮灯 A:显示电流时亮灯 (显示电压时熄灯,显示设定频率监视时闪烁)
运行状态显示(RUN)	变频器动作中亮灯或者闪烁 亮灯:正转运行中 缓慢闪烁(1.4 s 循环):反转运行中 下列情况下出现快速闪烁(0.2 s 循环): 1)按键或输入启动指令都无法运行时 2)有启动指令,但频率指令在启动频率以下时 3)输入了 MRS 信号时
参数设定模式显示 PRM	参数设定模式时亮灯
显示屏显示 MON	显示屏显示时亮灯

2. 基本操作(出厂时设定值)

变频器操作面板的基本操作包括运行模式切换、监视器设定、频率设定和参数设定等,其操作方法如图 7-22 所示。

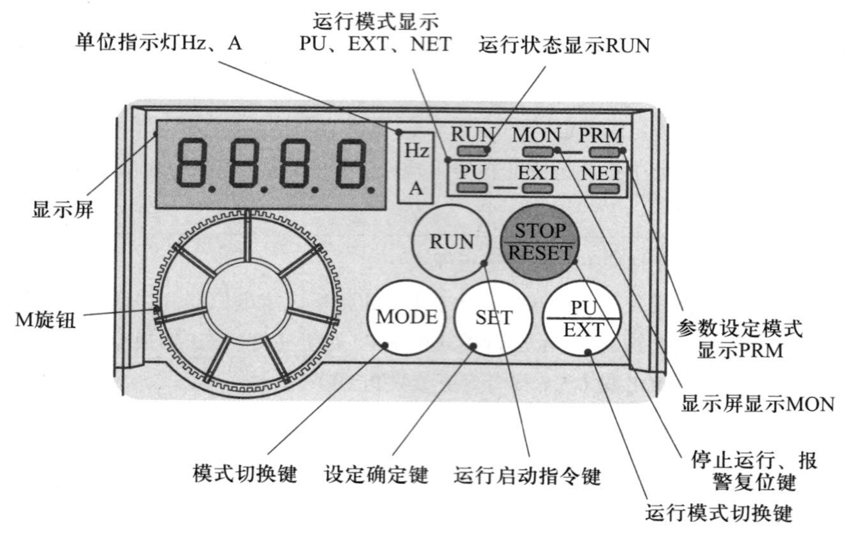

图7–21 FR–E740系列变频器操作面板各旋钮和按键的功能说明

3. 通电与调试

变频器安装完成后再次检查变频器的电源输入接线和电动机输出接线正确无误,给变频器接通电源,此时变频器显示面板的数码管点亮,并显示“000”闪烁。可操作面板的按钮及旋钮调节变频器的相关参数,具体的操作步骤参见图 7–22 所示变频器基本操作流程图。

4. 简单设定运行模式(简单设定模式)

通过简单的操作,利用启动指令和频率指令的组合进行 Pr.79 运行模式的选择设定。变频器在运行中不能设定,请关闭启动指令(“RUN”、STF 或 STR)。参数 Pr.79 运行模式介绍见表 7–11。

例如,将变频器的运行模式设为启动指令为外部(STF/STR)输入、变频指令通过输入的运行模式(即将参数 Pr.79 设定为“3”),具体操作方法及步骤见表 7–12。

表7–12 简单设定运行模式的操作方法及步骤

操作步骤	显示
1. 电源接通时显示的监视器画面	0.00 Hz MON EXT
2. 同时按住 PU/EXT 和 MODE 按钮 0.5 s	闪烁 PU/EXT MODE ⇨ 79-- PRM
3. 旋转 ,将值设定为“79 - 3”	闪烁 ⇨ 79-3 PRM PU EXT

续表

操作步骤	显示
4. 按 SET 键确定	SET ⇨ 79-3 79-- 闪烁…参数设定完成! ⇩ 3 s 后显示监视器画面: 0.00 Hz MON EXT

5. 面板锁定操作

锁定操作可以防止参数变更、防止意外启动或停止,使操作面板的 M 旋钮、键盘操作无效化。具体方法为:将 Pr.161 设置为“10 或 11”,然后按住 MODE 键约 2 s,此时 M 旋钮与键盘操作均变为无效。

在 M 旋钮、键盘操作无效的状态下,旋转 M 旋钮或者进行键盘操作将显示 HOLd(2 s 之内无 M 旋钮及键盘操作时则回到监视画面)。如果要再次使 M 旋钮与键盘操作有效,需按住 MODE 键约 2 s。按 STOP/RESET 键在操作锁定状态下依然可以执行停止与复位功能。

例如,设定键盘锁定的操作方法及步骤见表 7–13。

表7–13 键盘锁定的操作方法及步骤

操作步骤	显示
1. 电源接通时显示的监视器画面	0.000 Hz RUN MON EXT
2. 按 PU/EXT 键,进入 PU 运行模式	PU/EXT ⇨ 0.00 PU PU 显示灯亮
3. 按 MODE 键,进入参数设定模式	MODE ⇨ P. 0 PRM PRM 显示灯亮 (显示以前读取的参数编号)
4. 旋转 M 旋钮,将参数编号设定为 P.161	⇨ P.161
5. 按 SET 键,读取当前的设定值。显示设定值为“0”(初始值)	SET ⇨ 0
6. 旋转 M 旋钮,将值设定为“10”	⇨ 10
7. 按 SET 键确定	SET ⇨ 10 P.161 闪烁…参数设定完成!!
8. 按 MODE 键约 2 s,变为键盘锁定模式	MODE ⇨ HOLd Hz MON PU EXT 持续按 2 s

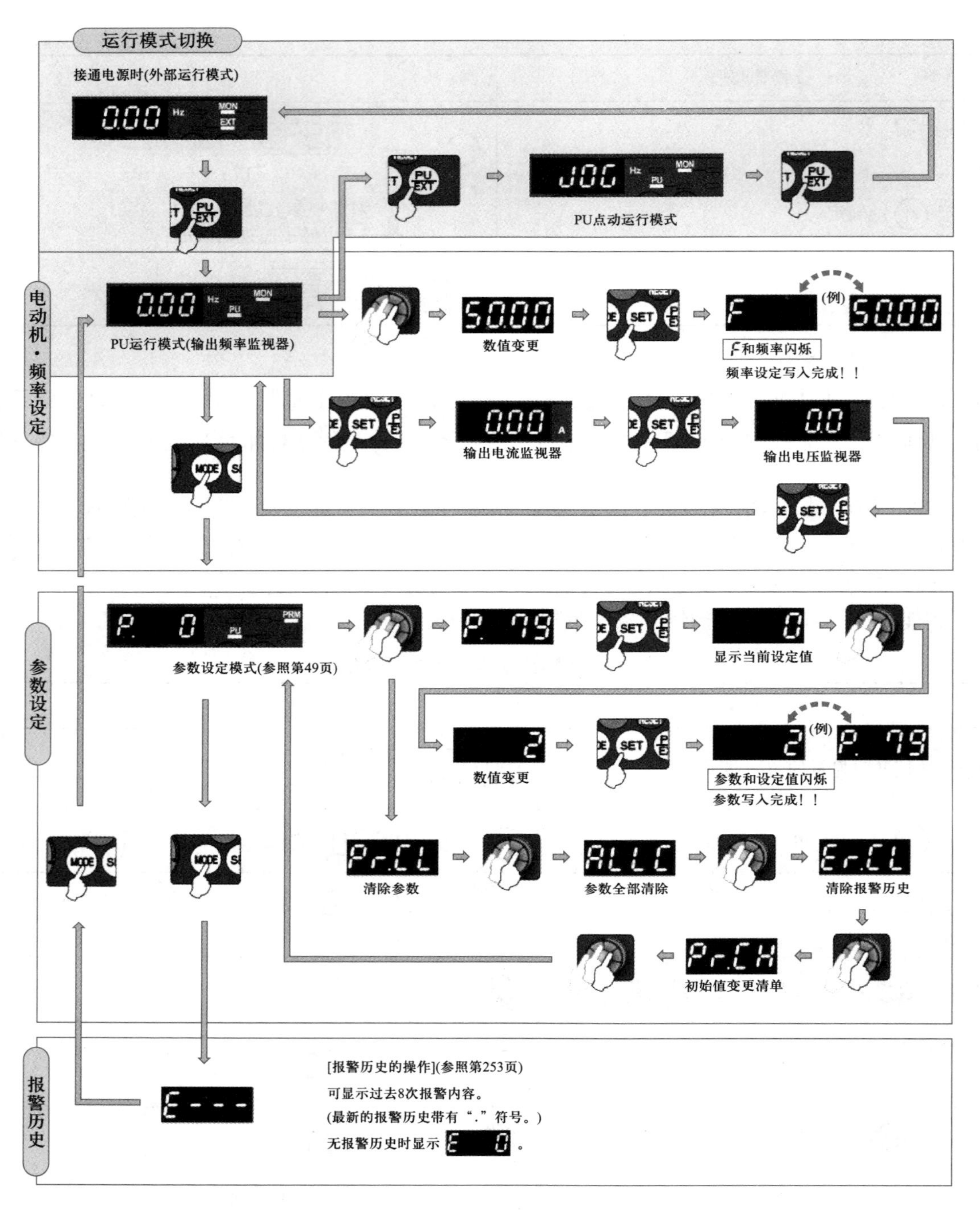

图7-22 变频器基本操作流程图

6. 监视输出电流和输出电压

在监视模式中按键可以切换输出频率、输出电流、输出电压的监视器显示。具体的操作步骤表见表 7-14。

表7-14　监视模式设定的操作步骤

操作步骤	显示
1. 运行中按 SET 键使监视器显示输出频率	60.00 Hz RUN MON EXT　Hz 亮灯
2. 无论在哪种运行模式下，若运行、停止中按 SET 键，监视器上将显示输出电流	SET ⇨ 1.00 A RUN MON EXT　A 亮灯
3. 按 SET 键，监视器上将显示输出电压	SET ⇨ 220.0 V RUN MON EXT　Hz、A 熄灭

7. 变更参数的设定值

可以变更 Pr.1 上限频率的设定值为例，其操作方法及步骤见表 7-15。

表7-15　变频器参数设定值的操作步骤

操作步骤	显示
1. 电源接通时显示的监视器画面	0.00 Hz MON EXT
2. 按 PU/EXT 键，进入 PU 运行模式	PU/EXT ⇨ 0.00　PU　PU 显示灯亮
3. 按 MODE 键，进入参数设定模式	MODE ⇨ P. 0　PRM　PRM 显示灯亮 （显示以前读取的参数编号）
4. 旋转 ◎，将参数编号设定为 P. 1	◎ P. 1
5. 按 SET 键，读取当前的设定值。显示"120.0"（初始值"120"）	SET ⇨ 120.0 Hz
6. 旋转 ◎，将设定为"50.00"	◎ ⇨ 50.00 Hz
7. 按 SET 键确定	SET ⇨ 50.00 Hz　P. 1 闪烁…参数设定完成！！

如果此时显示器交替显示功能码 Pr.1 和参数 50.00，则表示参数设定成功（即已将上限频率设定为 50 Hz）。否则设定失败，须重新设定。

8. 参数清除、全部清除

设定 Pr.CL 参数清除、ALLC 参数全部清除为"1"，可使参数恢复为初始值。（如果设定 Pr.77 参数写入选择为"1"，则无法清除。）

变频器参数清除操作的方法步骤见表 7–16。

表7–16 变频器参数清除操作的方法步骤

操作步骤	显示
1. 电源接通时显示的监视器画面	0.00 Hz MON EXT
2. 按 PU/EXT 键，进入 PU 运行模式	PU/EXT ⇨ 0.00 PU PU 显示灯亮
3. 按 MODE 键，进入参数设定模式	MODE ⇨ P. 0 PRM PRM 显示灯亮 （显示以前读取的参数编号）
4. 旋转 ，将参数编号设定为 Pr.CL（ALLC）	⇨ Pr.CL 参数全部清除 ALLC
5. 按 SET 键，读取当前的设定值。显示“0”（初始值）	SET ⇨ 0
6. 旋转 ，将设定为“1”	⇨ 1
7. 按 SET 键确定	SET ⇨ 1 Pr.CL 参数全部清除 ALLC 闪烁…参数设定完成！！

任务 2–4 变频器参数设置与运行调试

一、工具仪表及器材

1. 器材准备：三菱 FR–E740 变频器 1 台，三相异步电动机 1 台，连接导线若干

2. 选择工具仪表：电工常用工具 1 套，数字式万用表 1 块

二、变频器的基本操作训练

在指导教师的指导下，选择相关参数符合并与电动机参数匹配的变频器，安装固定在实训台上，完成电气接线。如图 7–23 所示。

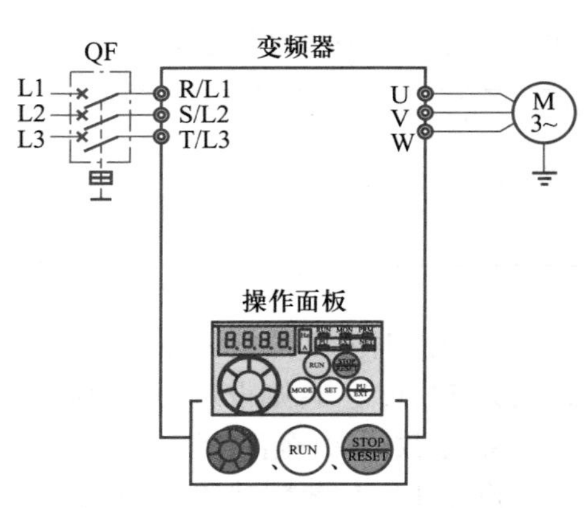

图7–23 变频器试运行接线图

1. 变频器的面板操作

（1）熟悉变频器面板

仔细阅读变频器面板介绍，练习在监视模式下（MON灯亮）显示H、A、V的方法，以及变频器的运行方式，即PU运行（PU灯亮）和外部运行（EXT灯亮）以及二者之间的切换方法。

（2）全部清除操作

为了调试能够顺利进行，开始运行前参照表7-16进行一次“全部清除”的操作（全部清除并不是将参数的值清0，而是将参数恢复为出厂值）。

（3）参数预置

变频器运行前，通常要根据负载和用户的要求，给变频器预置一些参数，如上、下限频率及加、减速时间等。在指导教师指导下，查参数表得出上列有关参数的功能码，并将上限频率预置为50 Hz；下限频率预置为5 Hz；加速时间预置为10 s；减速时间预置为10 s。例如，查参数表可得，上限频率的功能码为Pr.1，设置上限频率的具体操作步骤参见表7-15。

（4）修改给定频率

例如，将给定频率修改为40 Hz的具体步骤如下：

1）按下MODE键至运行模式，选择PU运行（PU灯亮）。

2）按下MODE键至频率设定模式。

3）旋转 键修改给定频率为40 Hz。

2. 变频器的PU运行

变频器正式投入运行前应进行试运行。试运行时电动机应旋转平稳，无不正常的振动和噪声，能够平滑地增速和减速。

（1）设定连续运行频率（30Hz）进行试运行（见表7-17）

表7-17　变频器参数设置具体操作方法及步骤

操作步骤	显示
1. 电源接通时显示的监视器画面	0.00 Hz MON EXT
2. 按 PU/EXT 键，进入PU运行模式	PU/EXT ⇨ 0.00 PU PU显示灯亮
3. 旋转 ，显示想要设定的频率。闪烁约5 s	⇨ 30.00 闪烁约5 s
4. 在数值闪烁期间按 SET 键设定频率。（若不按 SET 键，数值闪烁约5 s后显示将变为“0.00”（0.00 Hz）。这种情况下请返回“步骤3”重新设定频率。）	SET ⇨ 30.00 F 闪烁…频率设定完成！！
5. 闪烁约3 s后显示将返回“0.00”（监视显示）。按 RUN 键运行。要变更设定频率，请执行第3、4项操作。（从之前设定的频率开始。）	RUN ⇨ 3 s后 0.00 → 30.00 Hz RUN MON PU

续表

操作步骤	显示
6. 按 STOP/RESET 键停止	STOP/RESET ⇨ 30.00 → 0.00 Hz MON PU

（2）将 M 旋钮作为电位器使用进行试运行

例：变频器控制电动机运行时，将频率从 0 Hz 调整为 50 Hz，进行试运行。

将 M 旋钮作为电位器使用进行试运行时，首先要设置参数 Pr.161 频率设定 / 键盘锁定操作选择“1”，即设定 M 旋钮为电位器模式。

参数设置具体操作方法及步骤见表 7–18。

表7–18　参数设置具体操作方法及步骤

操作步骤	显示
1. 电源接通时显示的监视器画面	0.00 Hz MON EXT
2. 按 PU/EXT 键，进入 PU 运行模式	PU/EXT ⇨ 0.00 PU PU 显示灯亮
3. 将 Pr.161 变更为“1”	MODE ⇨ P.000 PRM PRM 显示灯亮 （显示以前读取的参数编号） ⇨ P.161 SET ⇨ 0 ⇨ 1 SET ⇨ 1 P.161 闪烁…参数设定完成！！
4. 按 RUN 键运行变频器	PUN ⇨ 0.00 Hz RUN MON PU
5. 旋转 M 旋钮，将值设定为“50.00”（50.00Hz）。闪烁的数值即为设定频率。没有必要按 SET 键	⇨ 0 → 50.00 闪烁约 5 s

三、利用变频器面板(PU)操作控制电动机进行连续运行

PU运行就是利用变频器的面板直接输入给定频率和启动信号。

1. 主电路接线

主电路接线就是将变频器与电源及电动机进行连接,如图7-23所示。

2. 确定变频器参数

按照变频器运行曲线和控制要求确定变频器有关参数,见表7-19。

表7-19　变频器运行参数的设定

参数名称	参数号	设置数据
上升时间	Pr. 7	4 s
下降时间	Pr. 8	3 s
加、减速基准频率	Pr. 20	50 Hz
基准频率	Pr.3	50 Hz
上限频率	Pr.1	50 Hz
下限频率	Pr.2	0 Hz
运行模式	Pr.79	1

运行频率分别设定为:第一次,20 Hz;第二次,30 Hz。

3. 设定变频器参数并调试运行

① 将电源、电动机及变频器连接好,经检查无误后,方可通电。

② 按操作面板上的[MODE]键,显示“参数设定”画面,在此画面下设定参数Pr.79=“1”“PU”灯亮。

③ 按表7-19依次设定相关参数。

④ 再按操作面板上的[MODE]键,切换到“频率设定”画面下,设定运行频率为20 Hz。

⑤ 返回“监视模式”,观察“MON”和“Hz”灯亮。

⑥ 按[RUN]键,电动机运行在设定的运行频率上(20 Hz)。

⑦ 按[STOP]键停止。

⑧ 再在“频率设定”画面下改变运行频率为30 Hz,重复第⑥步,反复练习。

⑨ 练习完毕后切断电源开关,待变频器指示灯熄灭后再拆线,以防触电,整理工具,清理现场。

4. 注意事项

1)切不可将R、S、T与U、V、W端子接错,否则,会烧坏变频器。

2)电动机为星形联结。

3)操作完成后注意断电,并且清理现场。

4)运行中若出现报警现象,要复位后方可重新运行。

对任务实施的完成情况进行检查，任务评分标准见 7–20。

表7–20　任务评分标准

<table>
<tr><th colspan="2">项目内容</th><th>配分</th><th colspan="4">评分标准</th><th>扣分</th></tr>
<tr><td colspan="2">接线</td><td>20 分</td><td colspan="4">（1）元件安装不符合要求每处扣 2 分
（2）接线有违反电工手册相关规定每处扣 2 分</td><td></td></tr>
<tr><td colspan="2">操作模式</td><td>10 分</td><td colspan="4">（1）操作模式设置步骤错误每处扣 2 分
（2）操作模式选择不合理扣 10 分</td><td></td></tr>
<tr><td colspan="2">参数设定</td><td>20 分</td><td colspan="4">（1）参数设置错误每处扣 5 分
（2）漏设参数每处扣 5 分</td><td></td></tr>
<tr><td rowspan="2">运行频率设定</td><td>20 Hz</td><td rowspan="2">20 分</td><td colspan="4" rowspan="2">（1）运行频率 20 Hz 设定错误扣 10 分
（2）运行频率 30 Hz 设定错误扣 10 分</td><td rowspan="2"></td></tr>
<tr><td>30 Hz</td></tr>
<tr><td colspan="2">运行操作调试</td><td>20 分</td><td colspan="4">（1）不能修改参数每处扣 5 分
（2）系统功能不正确每处扣 10 分</td><td></td></tr>
<tr><td colspan="2">安全文明生产</td><td>10 分</td><td colspan="4">违反安全文明生产规程扣 5~10 分</td><td></td></tr>
<tr><td colspan="2">定额时间</td><td colspan="5">150 min，每超过 30 min（不足 30 min，以 30 min 计）扣 5 分</td><td></td></tr>
<tr><td colspan="2">备注</td><td colspan="4">除定额时间外，各项目的最高扣分不应该超过配分数</td><td>成绩</td><td></td></tr>
<tr><td colspan="2">开始时间</td><td colspan="2"></td><td>结束时间</td><td></td><td>实际时间</td><td></td></tr>
</table>

郑重声明

“十二五”职业教育国家规划教材及配套教学用书
电气运行与控制、电气技术应用、工业自动化仪表及应用、
电机电器制造与维修专业

照明线路安装与检修	林如军	照明线路安装与检修	郝晶卉
电气控制线路安装与检修（第二版）	杜德昌	电气识图	耿　淬
电机与电器检修	赵淑芝	电气测量技术	文春帆
PLC技术应用	姜治臻	电机与变压器	于　磊
工厂供电	方爱平	工厂电气控制设备	崔　陵
机床电气控制与排故	李兴莲	电气控制设备检修	沈柏民
电梯电气系统安装与调试	张小明	PLC技术应用	初厚绪
电梯运行管理与维修	杨少光	变频调速技术	王兆义
电气设备安装与维护项目实训	曾祥富	传感器应用技术	秦伟华
电工实训	张中洲	传感器技术及应用	赵珺蓉
低压电器技术与应用（第2版）	施俊杰	安全用电	戴绍基
电工材料	乔德宝	安装电工实用技术	徐兰文
电子CAD项目实训	姬梅素	PLC技术项目实训及应用	刘克军

ISBN 978-7-04-055529-5
9 787040 555295 >
定价 25.00 元